丽水·中国气候养生之乡

主编 任淑女

气象出版社
China Meteorological Press

内容简介

丽水市位于浙江省西南部，以生态环境优越、自然风光秀丽、人文景观多样、养生资源丰富等特色成为国家级生态示范区和我国的气候养生之乡。丽水四季分明，冬暖春早，降水丰沛，雨热同步，垂直气候，类型多样；秀山密林，源头活水，空气清新，物种丰富。正是丽水得天独厚的气候条件造就了这里的好山、好水、好生态。

2014 年 6 月，受丽水市人民政府委托，中国气象学会组织国家气候中心、中国科学院地理科学与资源研究所、中国环境科学学会、北京协和医院、中国旅游出版社等单位的气候、养生专家对丽水市生态气候休闲养生条件进行论证，丽水市凭借生态关联指标、气候关联指标、综合休闲养生指标等优势被中国气象学会授予"丽水·中国气候养生之乡"称号。

图书在版编目(CIP)数据

丽水·中国气候养生之乡 / 任淑女主编. --北京：气象出版社，2017.6

ISBN 978-7-5029-6551-8

Ⅰ.①丽… Ⅱ.①任… Ⅲ.①城市气候-介绍-丽水 Ⅳ.①P468.255.3

中国版本图书馆 CIP 数据核字(2017)第 100720 号

出版发行：气象出版社
地　　址：北京市海淀区中关村南大街 46 号　**邮政编码**：100081
电　　话：010-68407112(总编室)　010-68408042(发行部)
网　　址：http://www.qxcbs.com　**E-mail**：qxcbs@cma.gov.cn
责任编辑：齐　翟　**终　　审**：邵俊年
责任校对：王丽梅　**责任技编**：赵相宁
封面设计：易普锐创意
印　　刷：中国电影出版社印刷厂
开　　本：889 mm×1194 mm　1/32　**印　　张**：2.75
字　　数：79 千字
版　　次：2017 年 6 月第 1 版　**印　　次**：2017 年 6 月第 1 次印刷
定　　价：16.00 元

《丽水·中国气候养生之乡》
编委会

前 言

本书根据浙江省丽水市近30年7个国家气象站以及近5年131个区域气象站观测数据，近10年丽水市生态环境、森林资源监测数据、休闲养生资料及相关文献对丽水的生态气候休闲养生状况进行了综合分析和比较研究，揭示了丽水市生态气候及休闲养生资源具有以下特色：

气候独特——丽水处中亚热带，临近东海，辖区内地貌以中山丘陵为主，海洋性季风气候和丘陵山地气候在此交织；整体气候特征为四季分明，冬暖春早，降水丰沛，雨热同步，垂直气候，类型多样。

生态优质——丽水森林覆盖率高达80.79%，全国第二，林地面积达135.91万公顷、林木蓄积量达5899.78万立方米，浙江省第一；拥有百山祖冷杉、九龙山榧、景宁木兰和百山祖玉山竹等珍稀植物；人均水资源量6767立方米，约为浙江省人均值的4倍、全国人均值的3倍；城区空气优良天数占全年的98.6%，为“全国空气十佳”城市之一。

休闲胜地——丽水集“奇、秀、清、幽”于一地，汇“峰、林、洞、瀑”于一域，山清水秀、人文古迹众多，宁静且便捷，是开辟“乡村生活”第二空间的理想之所。丽水冬无严寒、夏可避暑，度假旅游的适宜期长达11个月，属于一类气候适宜区。

养生福地——茂林山区、新鲜空气、优良水质、绿色无公害食材、种类繁多的药材以及健康休闲的生活方式和古朴养生的文化，彰显丽水丰富的休闲养生资源。

综上所述，丽水气候独特、生态优质，自然风光秀丽、人文景观多样，养生资源丰富、休闲旅游四季皆宜，是回归自然的理想乐园。为此，2014年6月，中国气象学会在北京组织国家气候中心、中国科学院地理科学与资源研究所、中国环境科学学会、北京协和医院、中国旅游出版社等单位的气候、养生专家对丽水市生态气候休闲养生条件进行论证，并授予该市“丽水·中国气候养生之乡”称号。

本书的出版得到丽水市气象局、浙江省气候中心、丽水市发展与改革委员会、丽水市委宣传部、丽水市农村工作办公室、丽水市林业局、丽水市环保局、丽水市旅游局、丽水市水利局等单位以及周广胜、金爱武、姚益平、丁丽惠、王平、张国平、周立军、郭云强、黄力量、蓝海、蔡璐等专家的大力支持，在此一并表示感谢！

本书编委会

2016 年 9 月

CONTENTS

目 录

第 1 章

丽水概况

1.1 基本市情

浙江省丽水市位于浙江西南部，地处东经118°41′～120°26′和北纬27°25′～28°57′，毗邻福建、江西和安徽；北承长三角，南接海峡西岸经济区，是东南沿海向中西部地区经济辐射的重要通道，为“温台金发展圈”中心区域。全市辖1区（莲都区），1市（龙泉市），7县（青田县、云和县、庆元县、缙云县、遂昌县、松阳县、景宁畲族自治县），市域面积1.73万平方千米，占浙江陆地面积六分之一。全市户籍人口261.33万，包括汉族和35个少数民族，其中少数民族人口有7.68万，占总人口的3.55%（第六次全国人口普查数据）。景宁畲族自治县为华东唯一少数民族县，全市畲族人口占当地少数民族总人口的95.2%。

丽水地貌可用“九山半水半分田”概括，区域内以丘陵山地为主，海拔在7～1929米，地势整体由西南向东北倾斜（见图1.1）。市域内250米以上海拔高度的区域面积，占全境总面积的86.2%；500米以上的区域占59.0%，1000米以上的区域占15.1%。千米以上的山峰有3573座，其中龙泉市凤阳山黄茅尖海拔1929米、庆元县百山祖海拔1857米，分别为江浙第一、第二高峰。丽水市范围内河网溪流众多、大小水库星罗棋布，是六大水系（瓯江、钱塘江、飞云江、灵江、闽江、福安江）之源头，有“六江之源”之称。瓯江横贯丽水，发源于龙泉与庆元交界的百山祖西北麓锅帽尖，其干流（大溪）经丽水市的龙泉、云和、莲都、青田等县进入温州，流域面积约1.3万平方千米，占全市流域总面积75.86%。

2015年，全市实现地区生产总值1102.3亿元，同比增长6.4%；财政总收入151.6亿元，同比增长7.6%；固定资产投资751.5亿元，同比增长13%；社会消费品零售总额519.3亿元，同比增长9%；城镇居民人均可支配收入32875元，同比增长8.1%；农村居民人均可支配收入15000元，同比增长10%；三次产业结构为8.4∶45.6∶46，丽水经济运行质量显著提升。

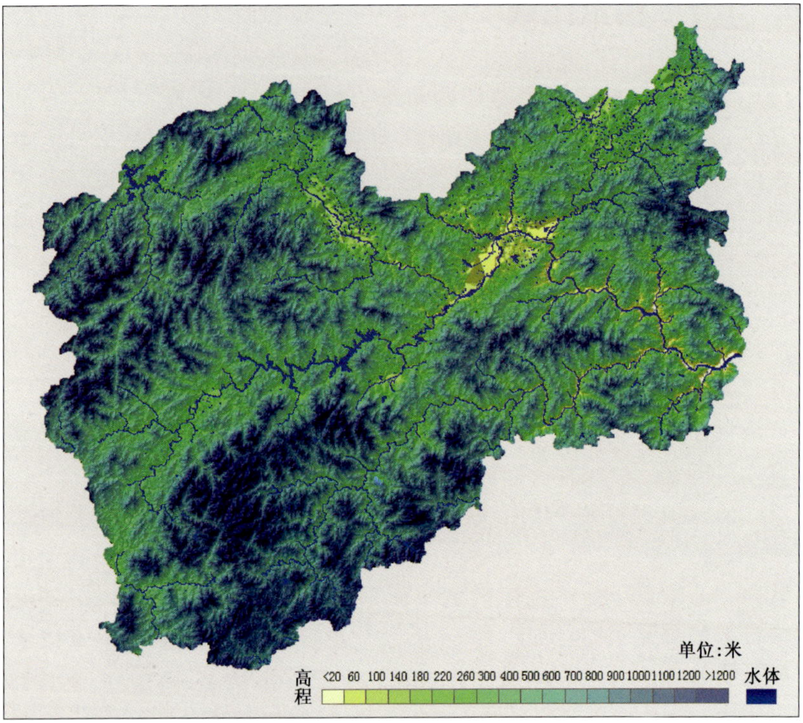

图 1.1 丽水市地形地貌

丽水市生态环境质量优越，根据全国生态环境质量评价研究报告，丽水市九县(市、区)生态环境质量均名列全国前 50 位，4 个县(市)位居前十位。丽水森林覆盖率高达 80.79%，植物资源占浙江省约 66%，有“浙江绿谷”“浙南林海”之称。全市跨行政区域河流交接断面水质达标率 100%，农村空气环境质量均达到国家一级标准，城镇空气环境质量普遍优于国家二级标准。好山、好水、好空气，使丽水享有“中国生态第一市”的美誉。

1.2　绿色发展

丽水市委、市政府一直坚持"生态立市"的发展之路。习总书记主政浙江期间，曾八次深入丽水调研，指出"绿水青山就是金山银山，对丽水来说尤为如此"，推动丽水逐步成为名副其实的"秀山丽水、养生福地、长寿之乡"。2000 年，丽水在撤地设市开局之年，提出了"生态立市，绿色兴市"发展战略；2003 年确立"生态立市、工业强市，绿色兴市"的"三市并举"发展战略。2008 年，在全国率先编制并实施了《丽水市生态文明建设纲要(2008—2020)》，明确了生态文明建设的总目标、总任务、总要求。2010 年丽水市人民代表大会常务委员会发布《关于加快推进我市生态文明建设的决定》，提出"丽水生态文明建设由先行区向示范区跨越"，并于同年获得"国家级生态示范区"称号，制定并实施《丽水市生态休闲养生(养老)经济规划》。2012 年，丽水市委制定"绿色崛起、科学跨越"战略总要求，即在未来的五年要实现"生态文明由全国先行区向示范区、小康建设由基本小康向全面小康、人均生产总值由 5000 美元向 10000 美元"的"三大跨越"。2013 年，中共丽水市委通过《关于坚定不移走"绿水青山就是金山银山"绿色生态发展之路 全面深化改革 建设美丽幸福新丽水的决定》，明确走"绿水青山就是金山银山"的绿色生态发展之路。

作为绿色产业发展联盟秘书处所在地，丽水致力于推进"六养"产业发展(六养为水养、气养、食养、药养、体养、文养)。按照市委市政府总体部署以及《丽水市生态休闲养生(养老)经济规划》，到 2020 年，丽水将建成一批各有特色的生态休闲旅游景区、生态休闲养生(养老)基地和养生乡村，形成门类齐全和优势明显的生态休闲养生(养老)产业体系；到 2030 年，形成更具实力、充满活力的综合性生态休闲养生(养老)经济发展模式，生态休闲养生经济成为经济社会发展的主引擎，成为国内规模较大、国际知名的"养生福地、养老乐园"，力争建成"中国生态休闲养生(养老)第一市"。

1.3 绿谷印象

“山也青，水也清，人在山阴道上行，春云处处生”，400 年前，汤显祖为我们描绘了一幅生动的图景。经历了 1400 年的荡涤，凭借着得天独厚的自然条件及深厚悠久的文化底蕴，丽水荣获诸多美誉，拥有“国家级生态示范区”“中国摄影之乡”“中国民间艺术之乡”“中国长寿之乡”“中国气候养生之乡”“国际休闲养生城市”“中国优秀旅游城市”“国家森林城市”“国家园林城市”“国家卫生城市”等金名片。

城市建设日新月异，浙西南中心城市、长三角地区重要绿色农产品基地、特色制造业基地、生态文化休闲度假旅游目的地——“一城三地”的发展格局正在形成。所辖各县（市、区）地域风情浓郁，独具特色又相互联系、互为补充。龙泉是“中国青瓷之乡”“中国宝剑之乡”；青田以“中国石雕之乡”“华侨之乡”享誉海内外；景宁畲族自治县是我国华东地区唯一的少数民族自治县；莲都、云和、庆元、缙云、遂昌、松阳也因其特色产业，分别被冠以“中国柑橘之乡”“中国木制玩具之乡”“中国香菇之乡”“中国麻鸭之乡”“中国竹炭之乡”“中国绿茶之乡”等称号。

一方水土培育一方文化。自隋开皇九年（公元 589 年）置处州府以来，距今已有 1400 多年历史，拥有与都江堰、它山堰、郑国渠、灵渠并称“中国现代五大水利灌溉工程”的通济堰以及享誉中外的国家级非物质文化遗产龙泉青瓷、龙泉宝剑、青田石雕（合称“丽水三宝”）。通济堰是世界最早的拱形坝体，建于南朝萧梁天监四年（公元 505 年），是浙江省最古老的大型水利工程被国务院批准列入第五批全国重点文物保护名单，入选世界灌溉工程遗产名录。龙泉青瓷，始于 1700 多年前的三国两晋，是我国制瓷史上历时最长、规模最大、影响最深的窑系之一，不仅是中国文化符号，更是世界级的文化瑰宝；龙泉青瓷传统烧制技艺被列入联合国教科文组织的世界物质文化遗产名录，是全球第一也是唯一入选的陶瓷类项目。龙泉宝剑始于春秋战国时期，锻制历史长达 2600 多年，被誉为“中华第一剑”。青田石雕始于南北朝，距今 1600 多年，青田石是“四大国石”之一，被誉为“印石之祖”，多次被选为国礼，价值堪比黄金。此外，丽水的摄影文化、华侨文化、畲族文化等具有鲜明地方特色的文化在发展中提升，在传承中创新，不断展现出独特的魅力。

第 2 章

独特气候

浙江省丽水市隶属于中亚热带地区，该气候带跨浙江、福建、江西、湖南、贵州、四川、重庆等省市的大部或全部，以及云南、广西、广东的北部，向西延伸至西藏自治区喜马拉雅山南麓，地域范围十分广阔，是我国亚热带中最宽的一个地带，面积约占我国陆地面积的16.5%。水热条件良好，自然资源丰富，自然环境十分优越。“放眼观之，满目皆绿”既是中亚热带自然景观的真实写照，也是本带气候条件优越配置的反映。

丽水为浙江省内陆地区，并临近我国东海，受海洋影响较大，属中亚热带海洋性季风气候。气候总体特征表现为：四季分明，冬暖春早，降水丰沛，雨热同步。在地势上，丽水多中山丘陵地貌，亦具有较显著的立体山地气候特征。中亚热带海洋性季风气候与丘陵山地立体气候在此叠加，相较于同处中亚热带的其他地区，丽水区域性气候特征非常明显。

2.1　四季分明，冬暖春早

气温是对人体影响最敏感的气象要素之一，对人体体温的调节起着重要作用，是人们日常生活生产中最为关注的气象要素之一。对 1981—2010 年丽水各县(市、区)气象站气温观测数据进行分析，结果如下。

丽水市年平均气温为 17.9 ℃，其中各县(市、区)介于 17.1(遂昌)~18.6 ℃(青田)(见图 2.1)。全年最冷月为 1 月，平均气温 6.7 ℃；最热月为 7 月，平均气温 28.4 ℃。

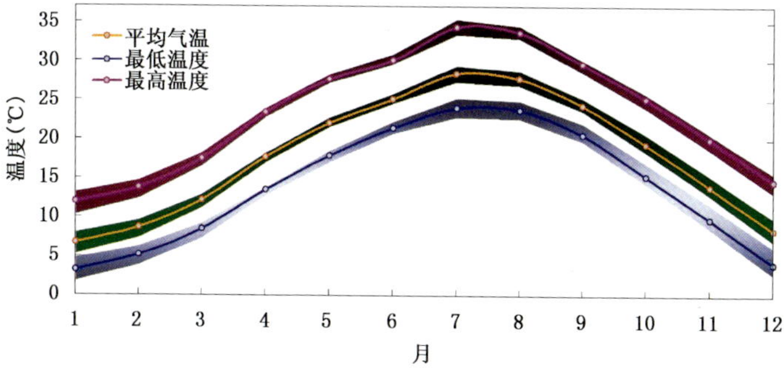

图 2.1　丽水市最高最低及平均气温月变化
(色带为各县(市、区)温度变化范围)

在夏季(6—8 月)，高温日数(≥35 ℃)最多的是丽水市莲都区，为 46.8 天；庆元县高温日数较少，为 20.9 天。在冬季(12 月—次年 2 月)，低温日数(≤0 ℃)最多的是缙云县，为 26.6 天；最少的是青田县，其值为 7.2 天。全市平均夏季高温日数为 27.6 天，与杭州市(高温日数 34 天)相比，高温现象并不突出。全市平均冬季低温日数为 18.2 天，冬季严寒出现概率低。以上数据来源于低海拔的城区气象台站，在山区气温随海拔的升高而递减。按每升高 100 米下降 0.6℃，对全市区域自动气象站近 5 年的观测结果进行估算表明，丽水约 70%以上的山区并无夏季高温。

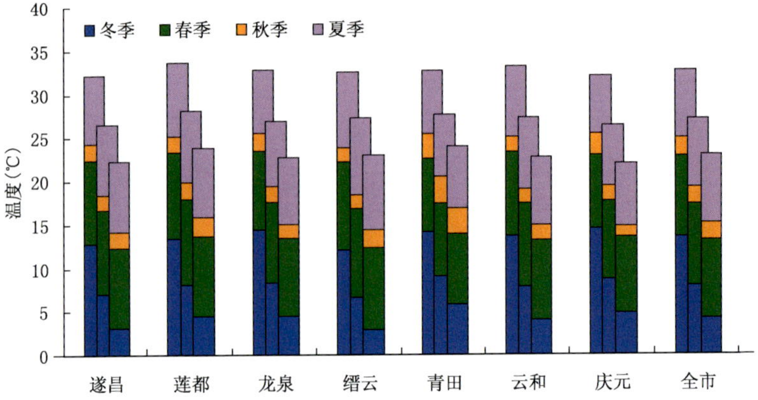

图 2.2　丽水各县(市、区)及全市的四季平均气温与最高最低气温
(左、中、右层柱状标识,分别表示各季节的最高气温、平均气温和最低气温)

春、夏、秋、冬四季节的平均气温分别为 17.3,27.1,19.2℃和 7.9℃,四季气温差异明显。冬春两季平均气温相差 8.3(青田)~10.1℃(缙云),春夏两季温差 9.3(龙泉)~ 10.5℃(缙云),夏秋两季温差 7.0(庆元)~ 8.9℃(缙云),秋冬两季温差 10.6(庆元)~11.7℃(莲都);最高温度和最低温度的季节间差异和平均气温季节间差异大体相同。

对 1981—2010 年丽水各县(市、区)气象站的季节时长统计表明,丽水入春时间一般始于 3 月中旬(入春常年平均为 3 月 17 日),夏季始于 5 月中下旬,秋季始于 9 月下旬—10 月初,冬季始于 11 月底—12 月上旬初期(入冬常年平均为 11 月 27 日)。冬夏两季相对较长,而春秋两季相对较短(见表 2.1、2.2)。相比于比同纬度的南昌(3 月 23 日)、长沙(3 月 26 日)等城市,丽水的入春时间较上述城市提早 7~9 天;因丽水距离我国东海较近,海洋的热力效应使得丽水冬季气温(常年冬季平均气温 7.7℃),高于同纬度的南昌(6.3℃)、长沙(6.6℃)等城市。

表 2.1　丽水市四季起始日统计

季节	春季	夏季	秋季	冬季
最早起始日期	2 月 13 日（2002 年）	4 月 30 日（1985 年）	9 月 6 日（1953 年）	11 月 7 日（1981 年）
最晚起始日期	4 月 15 日（1987 年）	6 月 27 日（1957 年）	10 月 15 日（2005 年）	12 月 14 日（1968 年）
平均起始日期	3 月 17 日	5 月 30 日	9 月 25 日	11 月 27 日

表 2.2　丽水市四季长度统计

季节	春季	夏季	秋季	冬季
最长天数（天）	109（1997 年）	151（1963 年）	92（1994 年）	141（1981 年）
最短天数（天）	29（1985 年）	85（1994 年）	38（2009 年）	76（1994 年）
平均季节长度（天）	74.6	117.7	63.2	109.6

上述分析表明，丽水受季风气候影响，四季分明，相邻季节的温差值基本在 10℃左右，可让人深刻感受春夏秋冬四季轮回的气温转变；冬暖春早，入春时间较同纬度地区相比提前 1～2 周，冬季出现严寒概率低；夏季高温并不突出，近 70%的山区无高温。

2.2　降水丰沛，雨热同步

丽水降水量大，雨日多。全市常年平均累计降水量 1598.9 毫米，降水量最大值达 2183 毫米（2010 年），最小值为 1060 毫米（1978 年）；12 月平均雨量最少，为 39 毫米；6 月平均雨量最多，为 251 毫米；一日最大降水量 123 毫米，出现在 1994 年 6 月 17 日。常年平均雨日为 166.6 天，3 月平均雨日最多（18 天），12 月平均雨日最少（8.7 天）。最长连续降水日数为 21 天，出现在 1998 年 6 月 7—27 日；最长连续无降水日数 38 天，出现在 1979 年 9 月 26 日—11 月 2 日。

丽水不仅降水充沛且雨热资源(降水与气温)在时间尺度上的配置非常优越。随着气温的上升和下降变化,降水总体上也呈现出上升和下降趋势,年内气温与雨量的分配基本呈同步变化态势(如图 2.3)。全年雨热配置的最大优势在于春季。丽水春季(3—5 月)各月降水量基本维持在 175 毫米以上,极少出现春旱现象;加之逐步升高的气温(3—5 月气温分别为 12.2,17.7 和 22.0℃),为大自然的万物复苏、植被的萌芽生长提供了优越的水热配置。

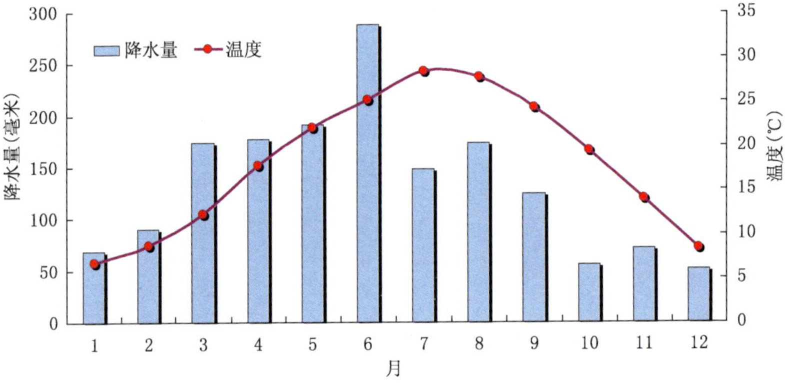

图 2.3　丽水市降水与气温的各月分布

上述分析表明,丽水受海洋性气候影响,是亚热带降水最丰沛的地区之一;且水热配置优越,气温与雨量分配基本呈同步变化,春季极少有春旱。

2.3　垂直气候,类型多样

丽水全市土地面积 17298 平方千米。按地貌类型划分:河谷盆地占 2.9%,山间谷地占 1.6%,低丘占 2.2%,高丘占 5.7%,低山占 18.9%,中山占 68.7%;按海拔高度分,海拔 250 米以下占 13.8%,250～500 米占 27.2%,500～800 米占 29.2%,800～1000 米占

14.7%，1000 米以上占 15.1%，千米以上的高山有 3573 座，全市约九成以上的区域为山地丘陵。由于地形海拔差异大、地貌丰富多样，气候垂直特征显著。部分高山山体从山脚到山顶可跨越了多个气候带，具有典型的山地立体气候；“九山半水半分田”的地貌则让丽水小气候种类多样、气候垂直带分明。

对 2009--2013 年丽水市 131 个区域自动气象站的气温、降水资料进行分析，并利用积温指标对丽水山地气候带进行划分，结果如下。

从年平均气温的空间分布可看出（见图 2.4），在丽水的山区，随海拔高度升高，年平均气温总体呈现递减趋势。低海拔的河谷城区（0～400 米）年平均气温为 16.5～17.9℃；低山地区（400～800 米）为 15.0～16.1℃；中山地区（800～1500 米）为 11.5～14.0℃；高山地区（1500～1929 米）为 9.3～11.1℃（见表 2.3）；1200 米以上高山地区，其冬季冷月均温多在 0℃以下，常有冰冻、雨凇和积雪现象。

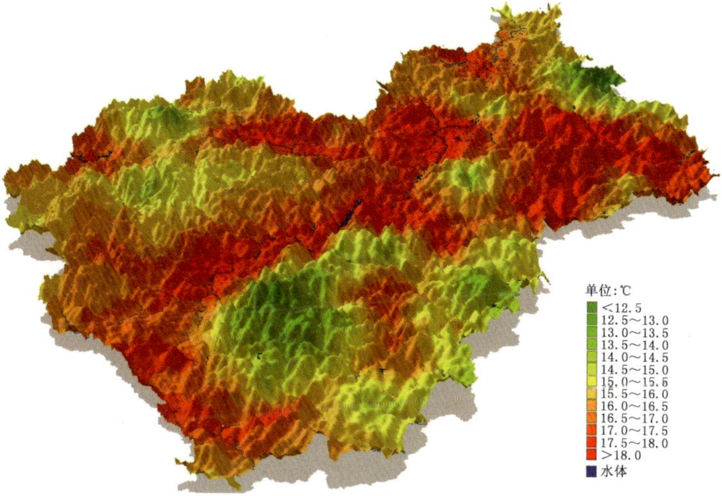

图 2.4　丽水市年平均气温空间分布（2009—2013 年）

表 2.3 丽水市不同海拔区域的气温(2009—2013 年)

海拔高度(米)	年均温(℃)	最冷月均温(℃)	最热月均温(℃)	年最低气温(℃)	年最高气温(℃)
≥1900	*9.3	*-1.4	*18.2	*-13.4	*25.8
1800～1900	*9.7	*-1.0	*18.8	*-12.9	*26.6
1700～1800	*10.2	*-0.6	*19.3	*-12.4	*27.4
1600～1700	*10.6	*-0.2	*19.9	*-12.0	*28.2
1500～1600	*11.1	*0.2	*20.5	*-11.5	*29.0
1400～1500	*11.5	*0.6	*21.1	*-11.0	*29.8
1300～1400	*12.0	*0.9	*21.6	*-10.6	*30.6
1200～1300	11.8	-0.1	22.0	-10.1	31.4
1100～1200	13.2	2.3	23.0	-9.4	32.5
1000～1100	13.7	2.7	23.4	-9.8	33.6
900～1000	13.8	2.7	24.3	-9.5	33.6
800～900	14.0	2.9	23.9	-9.3	34.8
700～800	15.0	3.2	25.7	-7.7	36.3
600～700	15.6	4.4	25.6	-7.1	36.3
500～600	15.5	3.7	25.9	-7.5	36.9
400～500	16.1	4.6	26.8	-6.8	38.3
300～400	16.5	4.8	27.2	-6.5	38.8
200～300	16.9	5.0	28.0	-6.1	39.3
100～200	17.3	5.1	28.6	-5.6	40.0
0～100	17.9	6.0	29.3	-4.6	40.5

注：* 标识值为回归统计方法推得

丽水市≥0 ℃和≥10 ℃的年积温均随海拔高度升高呈现递减趋势。(海拔在 0～100 米的区域，其≥0 ℃的积温平均值为 6270 ℃·天，≥10℃的积温平均值为 5830 ℃·天；海拔在 300～400 米的区域，其≥0 ℃的积温平均值为 5734 ℃·天，≥10 ℃的积温平均值为 5311 ℃·天；海拔在 700～800 米的区域，其≥0 ℃的积温平均值为 5033 ℃·天，≥10 ℃的积温平均值为 4615 ℃·天；海拔在 1000～1100 米的区域，其≥0 ℃的积温平均值为 4615 ℃·天，≥10 ℃的积温平均值为 3844 ℃·天；海拔在 1200～1300 米的区域平均≥0 ℃积温为 4020 ℃·天，≥10 ℃积温为 3469 ℃·天。)丽水海拔在 0～400 米山地区，其≥0 ℃和≥10 ℃的积温平均值分别在 5700、5300

℃·天以上，属于中亚热带；海拔 400～800 米山地区，其≥0 ℃和≥10 ℃的积温平均值分别为 5000～5700 ℃·天和 4600～5300 ℃·天，属北亚热带；海拔在 800～1500 米山地区，其≥0 ℃和≥10 ℃的积温平均值分别为 3600～5000 ℃·天和 3400～4600 ℃·天，属暖温带；海拔在 1500～1929 米的山地区，其≥0 ℃和≥10 ℃的积温平均值分别为 3000～3600 ℃·天和 2700～3400 ℃·天，属中温带。按照气候带的积温划分指标，丽水市在垂直尺度上跨越了中亚热带、北亚热带、暖温带和中温带 4 个气候带。

降水随海拔高度的变化趋势较复杂。海拔高度 0～700 米区间内，年降水量随海拔升高总体递增。海拔 100 米以下的区域，年降水量约 1550 毫米；700 米高度层的区域平均年降水可达 1736 毫米。在海拔高度 700～1000 米的区间内，年降水的垂直梯度变化并不统一(部分区域的降水随海拔的升高而增加，而另一些区域降水随海拔的升高而减少)。海拔 1100～1200 米区域是观测到的降水最为充沛的地带，年降水量达到 2026 毫米。1200 米以上的高海拔地区，年降水表现出随海拔升高总体呈减少趋势(见图 2.5)。

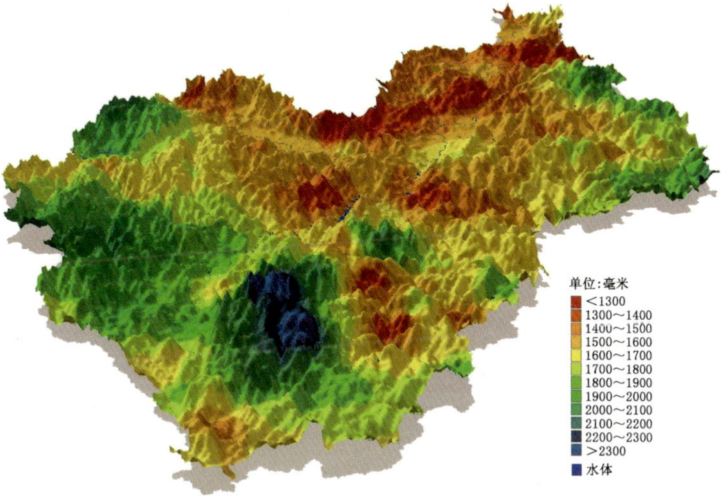

图 2.5　丽水市平均年降水量空间分布(2009—2013 年)

上述分析表明，由于地势海拔差异大、地貌丰富多样，丽水垂直气候特征明显、山区小气候多样。在垂直尺度上，跨越了中亚热带、北亚热带、暖温带和中温带4个气候带，年平均气温从17.9 ℃跨越至9.3 ℃，降水从1550毫米跨越至2026毫米。

2.4 气候变化趋势分析

近60年(1954—2013年)，丽水的年平均气温总体呈上升趋势，其增温幅度约为0.17 ℃/10年，即60年内约上升了1.0 ℃，其增温速率比浙江全省该期间的增温幅度平均值0.20 ℃/10年偏低。全序列中气温高值的年份主要集中在1997年以后，其中2007年和1998年的平均气温分别为最高和次高(见图2.6)。年降水量在近60年期间呈上下起伏状态，但其增加或减少的幅度不大(见图2.7)。

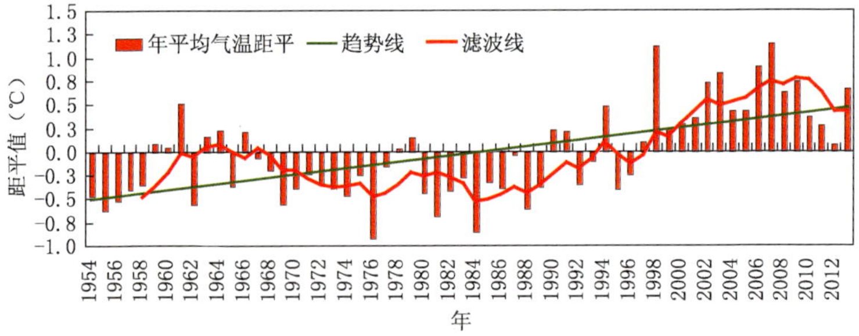

图2.6 丽水市年平均气温距平历年变化

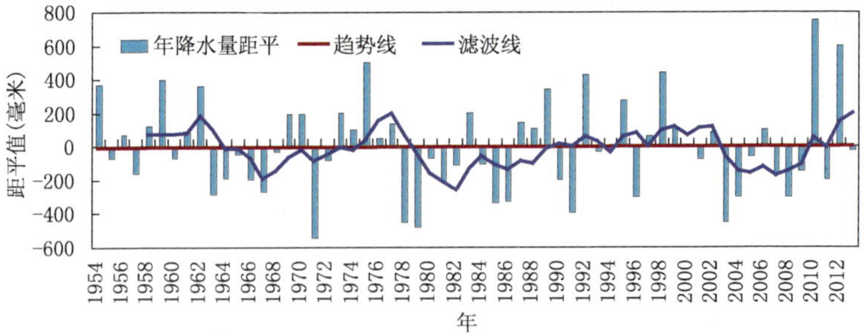

图2.7 丽水市年降水量距平历年变化

根据政府间气候变化专门委员会(IPCC)的未来温室气体和气溶胶的排放情景(即 SRES 排放情景),以全球气候模式 2011—2030 年集合预估的格点数据(分辨率 1°)为基础,探讨丽水市未来气温与降水在 A1B、A2 和 B1 情景下潜在变化趋势。在 A1B、A2 和 B1 三种情景下的气候模式预估结果均显示:在未来几十年,丽水市年平均气温将会进一步升高,年降水量将呈现增加或略有增加的趋势(见表 2.4)。

表 2.4 SRES 排放情景下丽水市气温与降水变化(2011—2030 年)

项目	气温变幅(℃/10 年)			降水变幅(毫米/10 年)		
SRES 排放情景	A1B	A2	B1	A1B	A2	B1
丽水格点Ⅰ值	0.30	0.16	0.22	9.76	30.11	12.42
丽水格点Ⅱ值	0.29	0.17	0.23	5.14	29.36	7.99
浙江省格点平均值	0.27	0.16	0.24	1.72	30.62	17.77

气候变化对自然环境和人类社会的影响涉及方方面面,对丽水市的影响主要表现为以下几个方面:

气候变暖将使丽水的森林生产力呈现一定的增加,森林垂直带谱上移;气候变暖将使森林火灾的发生频率可能增高,林业病虫害的空间分布格局出现改变。气候变化对农业的影响因地而异,并以负面影响为主。气温升高导致丽水入春提前,茶树萌芽早,春茶采摘时间提前,从而能延长春茶采摘期,使得茶业总产量增加,也便于打造出品质更高的茶叶;同时,气温升高也有利于多熟制作物的栽培。但气候变化会增加农业生产的不稳定性,如春季霜冻因气候变暖发育期提前而加重,极端气象灾害造成的农业损失也会加大。

丽水的水资源在未来仍具有较强的稳定性,供需基本平衡。但由于气温升高、蒸发量加大以及降水的短期变化等原因,水资源的分布状况可能会发生变化。暴雨发生概率及其发生强度可能增大,城市内涝、山洪、滑坡、泥石流等水文气象灾害和地质灾害的风险威胁也会增加。在未来城市发展及气象防灾减灾中应更加重视,并对基础防护设施予以巩固加强。

丽水城市的高温，近些年表现为增长趋势。未来气候预估也表示出有进一步的增温态势，局地阶段性夏季高温热浪将会给丽水城区居民生活带来不便。在城市建设中需进一步扩大城市绿地面积，加大森林走廊和通道建设，进一步提高绿化率，缓解城区高温热浪的影响。

第 3 章

优质生态

浙江省丽水市是华东地区生态保存最完好的一块绿色宝地，拥有全国第二、华东区第一的森林覆盖率，其动植物种类繁多、生物多样性突出。据《中国生态环境质量评价研究》对全国2348个县的生态环境综合评价，丽水九县(市、区)均列全国前50名，其中庆元、景宁、龙泉、云和分别为第一位、第五位、第八位和第十位。自2004年公布生态环境状况评价结果以来，丽水已连续12年(2003—2014年度)位居浙江首位全国前列。2014年丽水市的生态环境质量(EI指数)高达96.6，评价为“优”，全市有6个县(市)列浙江省前10位，分别是龙泉、庆元、景宁、云和、遂昌、青田。

3.1 秀山密林

丽水森林资源特别丰富，素有“浙南林海”“华东绿谷”之美誉。充沛的降水、优越的雨热配置，为林木生长提供了优越的气候条件。

丽水是浙江省的重点林区，林地面积、林木蓄积量、森林覆盖率均为浙江省第一位。全市绿地面积达 159.87 万公顷，占市域总面积的 92.53%。其中，林地 135.91 万公顷，占市域总面积的 78.67%；耕地 16.81 万公顷，占 9.73%；园林用地 5.55 万公顷，占 3.21%；草地 1.6 万公顷，占 0.92%。公益林面积共有 77.6 万公顷，约占全省公益林面积的 1/3，优质林分面积 55.3 万公顷，约占浙江省优质林分的 1/4。全市的活立木蓄积量达 5899.78 万立方米，林木绿化率为 81.62%，森林覆盖率高达 80.79%。森林覆盖率比浙江省平均值高 19.82 个百分点（浙江森林覆盖率 60.97%），比全国平均值高 59.16 个百分点（全国森林覆盖率 21.63%）；在全国森林资源排序中，丽水的森林覆盖率仅次于吉林省白山市，在全国地级市当中位列第二。

表 3.1　2013 年浙江省重点（省级以上）公益林优质林分

统计单位	合计	杭州	宁波	温州	湖州	嘉兴	绍兴	金华	衢州	舟山	台州	丽水
总面积（万公顷）	267.9	40.1	14.6	28.4	8	0.6	16.6	27.8	24.4	5.1	24.8	77.6
优质林分面积（万公顷）	215	37	14.3	21.2	7.7	0.57	14.9	19.5	22	3.7	18.6	55.3

气候的垂直地带性造就了丽水丰富的林分组成，水热资源的空间立体配置主导了多样森林植被的分布格局。区域内的森林，按林分类型可分为针叶林、针叶阔叶混交林、落叶阔叶林、常绿阔叶落叶混交林、常绿阔叶林、山地矮林、山地灌丛林、竹林和经济林等 9 种主要类型；按不同林分类别随海拔高度的分布特征，自下而上，大致

分为5个森林植被带(如图3.1)。海拔300米以下的区域多为人工经济林,以柑橘、枇杷、油茶、油桐等喜暖性经济林木为主;海拔300～800米的区域为常绿阔叶和暖性针叶林带,多为栲类林、暖性针叶林和毛竹林等;海拔800～1200米的区域为常绿阔叶和温性针叶林带,多以甜槠、木荷林、温性针叶林为主;海拔1200～1500米的区域为常绿阔叶落叶混交林带,以青冈类落叶树混交林、亮叶水青冈常绿阔叶树混交林最为常见,针阔混交林面积占比大;海拔1500米以上的区域为高山灌丛带,植被以灌丛为主,也有部分矮林。

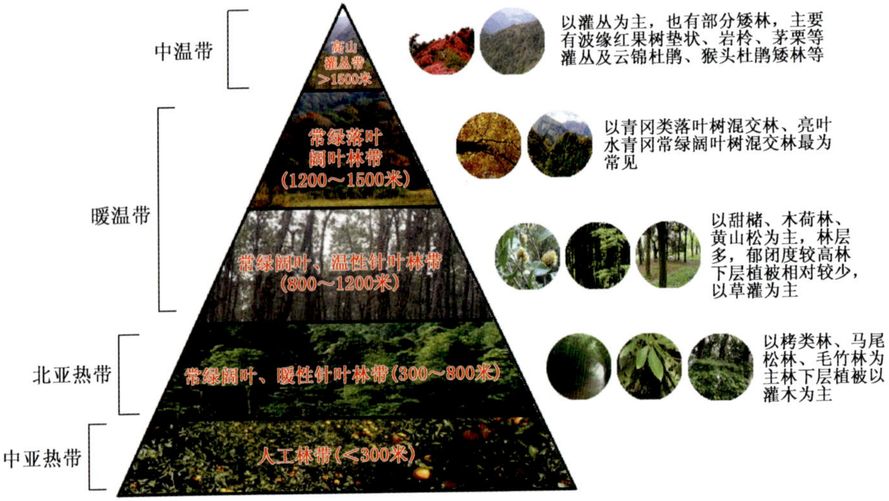

图3.1　丽水市森林组分类别垂直地带性分布

3.2　源头活水

丽水以水命名,是六江之源。由于地势海拔高、降水丰沛,是浙江省四大水系(瓯江、钱塘江、飞云江、椒江)和福建省两大水系(闽江和福安江)的发源地,河川径流1482亿立方米。位于丽水庆元与龙泉交界处的百山祖是浙江省瓯江、福建省闽江和福安江的水系源头;位于丽水缙云与台州仙居交界的天堂尖、丽水景宁和温州泰顺交界的白云尖,是浙江省椒江和飞云江水系的主源;丽水龙泉市的青井是钱塘江最大支流乌溪江的主源。

丽水降水丰沛,市域各区的平均年降水量分布在 1350～2200 毫米(见表 3.2、图 3.2),全市多年平均降水总量约为 303.31 亿立方米。雨多且时空分布均匀,使山涧、溪流长年不断、源源流淌。

区域内河流、流域众多。集雨面积在 5～100 平方千米的小流域河流共有 919 条,总长 7014 千米;集雨面积在 100 平方千米以上的中小河流 53 条,总长 2487 千米;瓯江、好溪、飞云江、灵江、闽江和福安江穿境而过;瓯江是市内流域面积最大的水系。

表 3.2　丽水市平均年降水量和年均降水日数

站名	遂昌	莲都	龙泉	缙云	青田	云和	庆元	平均
年降水量(毫米)	1579.1	1406.0	1649.2	1482.2	1697.7	1631.5	1746.9	1598.9
年降水日数(天)	169.4	157.8	160.4	166.3	166.4	177.1	168.6	166.6

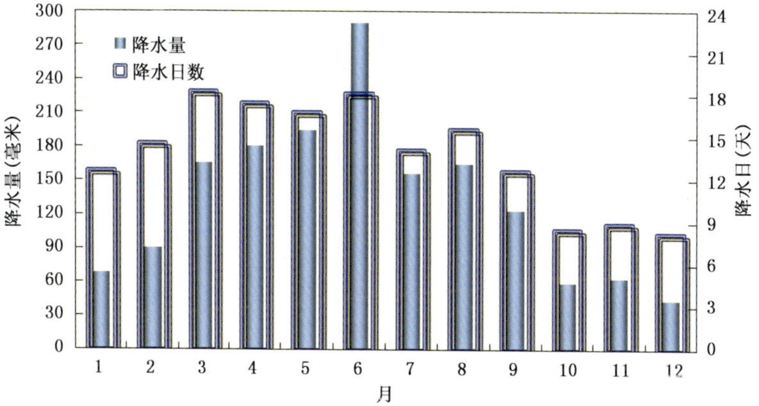

图 3.2　丽水市月降水量及月降水日数

显著的山地立体气候和丰沛的降水,形成了丽水丰富且具有明显山地特征的湿地系统。全市现有面积 8 公顷以上的各类湿地 127921.9 公顷,占全市土地总面积的 7.40%;其中天然湿地面积

36849.0 公顷，占全市湿地面积的 28.81%；人工湿地面积 91072.9 公顷，占全市湿地总面积的 71.19%。依据《湿地公约》《全国湿地资源综合调查技术规程》分类标准，丽水湿地可划分近海及海岸湿地、河流湿地、沼泽湿地和人工湿地 4 类、11 型。其中，近海及海岸湿地包括河口水域、河口三角洲 2 型；河流湿地包括永久性河流、洪泛平原 2 型；沼泽湿地类包括沼泽化草甸、森林沼泽、地热湿地 3 型；人工湿地类包括蓄水区、淡水养殖水面、灌溉用沟渠、水田共 4 型。湿地具有的调节环境功能和生态效益，对保护生物多样性、淡水资源，均化洪水，调节气候，降解污染物以及为人类提供生产、生活资源方面都具有重要作用。

丽水水资源丰沛，水质优良。全市水资源总量为 184.6 亿立方米，人均水资源 6766.7 立方米，约为浙江省人均的 4 倍、全国人均的 3 倍。瓯江是丽水的“母亲河”，干流全长 384 千米，市域内干流长 309.4 千米，流域面积 13105 平方千米，占全市流域总面积的 75.86%。截至 2013 年底，已建成水电站 806 座，总装机容量达 258.18 万千瓦，在建水电站 12 座，总装机 13.26 万千瓦，水电资源开发率达 80.5%，是“中国水电第一市”（2006 年水利部命名）。为了保护这一方秀水，丽水市政府编制并实施《丽水市欧江流域水污染防治规划》和《丽水市饮用水源保护行动计划》，采取了一系列行之有效的措施开展清洁水源行动。清洁水源行动包括全面取缔紧水滩水库所有投饵网箱和辅助设施，防控集中式饮用水源地、瓯江和钱塘江流域湖库等重点敏感水域藻类污染等，水环境质量得到稳步提高。

3.3 空气优良

在国家环保部 2013 年度公布的全国 74 个城市空气质量排行榜中，丽水是“全国十佳城市”之一。2013 年，我国 74 个城市，实施了新的空气质量标准。全年，丽水市区空气质量二级以上天数为 296 天，优良率为 81.1%；丽水空气质量达标天数比 74 个城市的平均达标天数多出 75 天，达标率高出 20 个百分点。其中，Ⅰ级空气质量天数为 85 天，Ⅱ级天数为 211 天。据监测，2013 年空气质量相对较好的前十位城市为：海口、舟山、拉萨、福州、惠州、珠海、深圳、厦门、丽水和贵阳。由此可见，丽水是全国空气质量十佳城市中唯一的非沿海、低海拔城市。

在全国大部分地区频受重度灰霾侵袭的背景下，丽水凭借高覆盖度的森林优势，尽管也有灰霾天发生，但总体表现为轻度水平。2012 年丽水轻微、轻度霾日占总霾日的 95.2%。从浙江省范围内来看，丽水与舟山（海岛城市）、台州（沿海城市）相近，同为霾天气最少的地区。如 2013 年 12 月上旬，雾霾席卷了半个中国，国内有 20 个省份 104 个城市均遭雾霾侵袭。浙江省也经历了自 1951 年以来持续时间最长、影响范围最广、强度最强的一次雾霾过程。12 月 4—9 日浙江中北部能见度仅 1～3 千米，7—8 日能见度甚至不足 500 米，杭州、嘉兴、湖州和绍兴一度低于 50 米。据浙江省环保厅空气质量指数（AQI）监测：4 日浙江各地空气污染严重；而丽水空气质量为良（AQI 值为 89）。5—9 日各地日平均 $PM_{2.5}$ 浓度多在 200 微克/米^{3}以上，大部分地区甚至超过 300 微克/米^3，其中，金华、绍兴、宁波和湖州等地 $PM_{2.5}$ 浓度值高达 400～450 微克/米^3，空气长时间处于重度到严重污染（见图 3.3）；而丽水最高日平均 $PM_{2.5}$ 浓度仅为 120 微克/米^3。这种显著差异体现了丽水高森林覆盖的生态屏障价值。

3.4 物种丰富

丽水气候多样的山地环境为物种生存提供了广袤的生态空间。少有人类干扰的浩渺林海和纵横河川，为生物的生存繁衍提供了优质的栖息场所。丰富多样的动植物资源，使得丽水享有“华东生物基因库”美誉。

丽水现有国家级自然保护区 2 个（浙江凤阳山——百山祖自然保护区、九龙山自然保护区），省级自然保护区 2 个（景宁望东垟高山湿地、景宁大仰湖高山湿地群），省级自然保护小区 51 个。

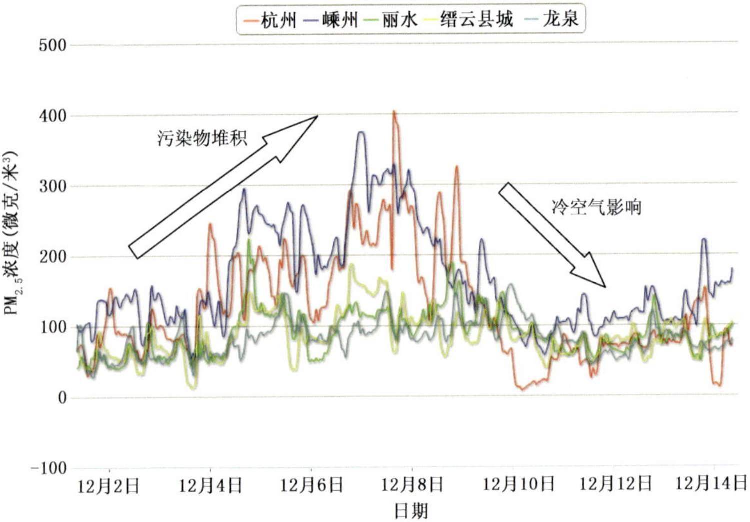

图 3.3　2013 年 12 月上旬浙江 5 站点 $PM_{2.5}$ 曲线

由于地史古老，地势高度差大，中亚热带至中温带的气候垂直带谱和多变的局地小气候，凤阳山——百山祖自然保护区（于 1992 年由国务院批准设立）保留了丰富的物种资源及完整的生态群落，是典型的以东南沿海季风区中山丘陵森林生态系统为主的生物多样性自然保护区，是亚洲生态区位特殊地区之一。保护区内生物物种十分丰富，许多动植物物种处于濒危状态。其中，百山祖冷杉是我国特有的古老残遗物，被列为世界最濒危的 12 种植物之一。1987 年，仅残存于百山祖南坡海拔 1760 米小山岙；百山祖冷杉被认为第四纪冰川期冷杉从高纬度的北方向南方迁移的证据；这对研究植物区系演变和气候变迁等，均具有重要科学价值。保护区内还有白豆杉（与百山祖冷杉同样古老）、南方铁杉、江南油杉、长叶榧、青钱柳、鹅掌楸、银杏、福建柏、香果树、钟萼木、黄山木兰、银钟树、闽楠等众多珍稀植物和珍贵植物。保护区中的野生动物种类也很丰富，有豹、云豹、猕猴、短尾猴、黑熊、大灵猫、黑麂、水獭、穿山甲等国家重点保护野生动物。

云涌百山祖

九龙山国家级自然保护区属森林和野生生物自然保护区，始建于 1983 年，是九龙山榧、遂昌冬青、九龙山景天、九龙山凤仙花、九龙山鳞毛蕨、大西坑水玉簪等 40 种植物模式标本的原产地，也是九龙棘蛙等 5 种动物模式标本的原产地。九龙山保护区也是国家一级保护动物、中国特有的世界濒危物种黑麂最重要的分布中心和最大野生种群的集中分布区，同时也是国家一级保护动物黄腹角雉最重要的栖息地和最集中的分布地之一。

丽水是浙江省动物种类最丰富的地区，野生动物资源总数约占浙江省的三分之二。区域内现存脊椎动物 580 余种，无脊椎动物种类更是繁多。国家重点保护野生动物共 62 种，其中国家一级重点保护动物 12 种，国家二级重点保护动物 50 种，浙江省重点保护动物 48 种(部分珍稀动物见图 3.4)。

丽水是浙江省植物种类最多的地区。辖区内，有苔藓植物 58 科 132 属 295 种，蕨类植物 41 科 88 属 325 种，种子植物 175 科 902

图 3.4　国家一级重点保护野生动物
（左上：黄腹角雉；右上：黑麂；左下：金斑喙凤蝶；右下：青田鼋）

属 2926 种。列入国家重点保护野生植物有 35 种，一级保护植物 7 种，二级保护植物 28 种，珍稀濒危植物 44 种。其中，国家重点保护植物 9 种，国家二级重点保护植物 35 种。百山祖冷杉、九龙山榧、景宁木兰和百山祖玉山竹等为丽水市独有，其中，百山祖冷杉拥有“国之瑰宝”“活化石”等美誉（见图 3.5）。

丽水的真菌资源更是丰富，市域内有野生真菌超过 1100 种（其中已确认定名有 1013 种）。野生真菌种质资源涵盖香菇、蘑菇、平菇等全部 13 个种类。

丽水浩瀚的林海中，还蕴藏着大量的古树名木。全市现存古树名木 40222 株，占浙江省总量的 46%。隶属 55 科 116 属 197 种，国家一级（500 年以上）保护古树 881 株（树龄 1000 年以上的有 45 株）、国家二级（300～499 年）保护古树 5836 株、国家三级（100～299

图 3.5　全球独有珍稀植物

（左上：百山祖冷杉；右上：九龙山榧；左下：景宁木兰；右下：百山祖玉山竹）

年）保护古树 33505 株。其中，国家重点保护植物的古树有 21 种 7868 株，占全市古树名木株数 19.6%。堪称世界之最的珍稀孑遗物种百山祖冷杉，全国罕见的巨柏，全国最大的罗汉松王、柳杉王，浙江省之最的晋代古香樟、杉树王、甜槠王、鹅掌楸王均在丽水。

第 4 章

休闲胜地

浙江省丽水市气候温和湿润、四季鲜明，九山半水的地形地貌配以风景秀丽的自然景观，山水集“奇、秀、清、幽”于一地，汇“峰、林、洞、瀑”于一域，人文古迹众多，乡村宁静而独特，休闲旅游资源得天独厚。因此，丽水被国家旅游局评为首批的“中国优秀旅游城市”，国际休闲产业协会授予其为“国际休闲养生城市”。

4.1　景观多样

丽水气象景观多样，生态资源丰富，气候特征明显，秀美山水在气候四季更替的轮回变化中，更具审美色彩。在这里，你可以感受到山水美景的季节色彩，体会出山、水、云雾的美轮美奂。春天，明丽的光、细柔的雨，使得万物苏醒、百花盛开，大地生机勃勃；夏日，火热的阳光直射大地，浓密的森林和丰沛的雨水，送来了凉爽的风；飒飒秋风带来了四季中最令人快乐的季节；冬是四季中最富有韵味的，晶莹的雪花和剔透的雾凇，将秀美的山川打扮得纯洁无瑕。此外，由于水汽充沛、湿度大，不管在哪个季节，都能够欣赏到高山云雾的炫丽变幻；夜晚，由于污染少、空气清新，在城市中亦可能观赏到满天繁星，让你感受到“迢迢牵牛星，皎皎河汉女”般的美景。

春云处处生

丽水的湿地景观奇特。九龙国家湿地公园是瓯江最为原生态的自然河段，属国内罕见的防洪湿地公园，总面积达16.86平方千米。沿江两岸呈串珠状分布着大量的浅水河滩、泛洪湿地、水道等类型湿地。景宁望东垟有“华东第一湿地”之美誉。湿地有高山湿地6块，其内的江南桤木森林群落在浙江独一无二，在全国范围内也十分罕见。云和梯田湿地公园是华东地区最大的梯田群，凭借体量大、震撼力强、四季景观独特等特点，被誉为“中国最美梯田”。湿地拥有梯田、云海、山村、竹海、溪流、瀑布、雾凇等众多自然景观，是中国摄影之乡的主要采风基地之一。

除此之外，丽水的高原湖泊、高山草甸、云海雾凇、原始森林、珍稀动植物、地质奇观、河流溪水、瀑布温泉等诸多自然景观，均具有陶冶情操、调节身心的休闲价值。有“华东第一峡”之称的炉西峡，有着赏心悦目的野生观赏性植物和漫山遍野的药用植物，还有随处可见的野果、野菜。松阳县箬寮数千亩的原始森林，树龄均在数百、上千年，胸径粗50厘米以上的大树就有上千株之多。各种千姿百态的古木奇树令人目不暇接；高耸入云的参天大树，纵横交错的地面根，附生着蕨、地衣、苔藓、兰花等20多种植物的“空中花园”，让

东西岩的云海

人叹为观止。清乾隆贡生丁植在其所著的《抱亭诗草》中对原始森林写下了“历尽冰霜久耐冬，竦姿矗矗障葱茏；高柯盘曲堪巢鹤，老干扶疏欲化龙”的生动文字。又如处中高山盆地内的大漈(海拔1030米)。其四周高山屏障，千米以上的山峰有五十余座；盆地内有13片田洋和9个山丘，当地人称“九仔十三洋”。清代诗人严用光留下“层崖远上最高山，十里平畴碧几湾”的美句。由于海拔高、一年四季云雾缭绕，于是又有了“云中大漈”的美名。

4.2 名胜众多

丽水山清水秀、古迹众多，自然风光美不胜收，人文景观如群星璀璨。现有仙都、南尖岩、龙泉山、仙宫湖、百山祖、古堰画乡等19个国家4A级旅游景区，省级旅游度假区5个，高等级景区数量居浙江省第三(见图4.1)。景宁畲族自治县是全国唯一的畲族自治县，人们可以在这里领略到畲族的传统文化以及独特的服饰、饮食、婚嫁、宗教等习俗风情。

丽水文物古迹众多。早在晋代就有谢灵运、葛洪、王羲之等人登临至此，唐代李邕、李阳冰，宋代米芾、沈括等名人留有墨宝；谢灵运、白居易、秦观、范成大、汤显祖、陆游、袁枚等诗家词人都曾在丽水写下了许多优美的题咏。全市现有全国重点文物保护单位6处(大窑龙泉窑青瓷古遗址、莲都通济堰、景宁时思寺、缙云仙都摩崖题记、庆元如龙桥、松阳延庆寺塔)，省级重点文物保护单位72处，市级重点文物保护单位349处。

丽水的人文情怀不仅仅体现在人文景观中，在中国乃至世界的人文历史长河中，也拥有一席之地。全市现有龙泉青瓷烧制技艺、龙泉宝剑锻制技艺、青田石雕技艺、松阳高腔、丽水畲族医药、景宁畲族“三月三”歌会等15个项目被列入国家级非物质文化遗产名录。庆元的千年遗韵、梦幻古廊桥被联合国教科文组织列入《急需保护的非物质文化遗产名录》；龙泉青瓷被联合国教科文组织列入《人类非物质文化遗产代表作名录》，是其中唯一的陶瓷类项目。此

图 4.1 丽水市主要旅游景点分布

外，龙泉青瓷、龙泉宝剑、青田石雕包含丽水绿谷文化的精髓，合称“丽水三宝”，是丽水人文皇冠上最为璀璨的明珠。龙泉青瓷烧制的历史可以追溯到晋代，龙泉宝剑则有 2000 多年的生产历史，而青田石雕历史也有 1700 多年。如今，“丽水三宝”常被当作国礼，享誉海内外。

4.3　宁静便捷

国际休闲产业协会常务理事、英国著名休闲度假学者泰瑞提出“离开城市，又不能离开太远”的现代休闲理念。一个理想的休闲之地需要具备宁静而又方便的特质，即：既要远离城市，又要交通方便。丽水正是宁静、便捷最佳体现。

丽水山林广袤、人口稀少。据统计，丽水常住人口仅为 211.7 万人。在其占浙江六分之一陆地面积上，仅居住着全省 3.8% 人口。群山环抱、满目葱绿，虫鸣鸟啼声萦绕耳畔，山泉、溪流、瀑布、温泉、奇花异草近在咫尺。秀山美景让人恍若置身于世外桃源、人间仙境。

丽水的森林公园遍布。由于植被覆盖率高，森林在涵养水分、净化空气、调节温度、降低噪音、散发芳香等方面的巨大生态作用，使森林公园水质清洁，空气清新湿润、负离子含量高，且含菌量、含尘量低，是养生养心、消除疲劳的良好去处。此外，森林公园内景观类型

南明湖彩虹

多样。有绚丽多彩的森林景观，又有奇峰怪石、溪泉瀑潭、溶洞温泉等地质奇观，还有日出日落、霞光异彩、云雾冰雪的天象景观，更有历史遗迹、民俗风情、古代建筑等人文景观。丽水现有国家级森林公园4个、省级森林公园7个，占地面积共689.85平方千米(见表4.1)。

表 4.1　丽水市省级以上森林公园基本情况表

森林公园名称	所在地	面积(千米^2)	级别
遂昌国家森林公园	遂昌县	239.53	国家级
石门洞国家森林公园	青田县	42.95	国家级
卯山国家森林公园	松阳县	13.85	国家级
庆元国家森林公园	庆元县	24.56	国家级
白云森林公园	莲都区	28.48	省级
龙渊森林公园	龙泉市	3.69	省级
草鱼塘森林公园	景宁县	11.16	省级
仙宫湖森林公园	云和县	220	省级
大洋山森林公园	缙云县	40.27	省级
大山峰森林公园	莲都区	54	省级
括苍山森林公园	缙云县	11.36	省级

山清水秀的风水宝地，历来为道士所青睐。相传缙云仙都，是中华养生始祖轩辕黄帝升天的地方，被唐玄宗叹为“仙人荟萃之都”，其黄帝祠宇与陕西的黄帝陵共成“北陵南祠”；东晋著名道学家领袖葛洪曾在丽水南明山上炼丹养生；唐代的五朝尊崇叶法善曾隐居松阳卯山研习养生之术；道门领袖杜光庭著有脉学专著《玉函经》；明代帝师刘伯温读书的青田石门洞是道教三十六洞天之一。一位位道教大师在丽水的成长，让道家养生的“清静无为”“返璞归真”“顺应自然”的思想，深深融入了丽水的人文之中。

丽水不仅“宁静”，且交通便捷、路网纵横交错。丽水处于长三角都市群和环台湾海峡都市群的交通枢纽，长深高速公路贯穿全境，金丽温高铁连通杭州铁路枢纽和沿海高速铁路，龙丽、丽龙、台缙高速公路相互交错，实现高速县县通，并与沪昆高速、沈海高速等国家干线公路连接。丽水市区距沪昆高速、沿海高速仅 100 千米。330 国道横贯丽水市，丽浦等 11 条省道干线外接金华、台州、温州、衢州和福建南平、宁德等市，内连各县（市）及主要乡镇，形成了以高级和次高级公路为主干的运输网络。丽水还开通了萧山机场、温州机场的直达班车；从丽水到温州仅 1 小时车程，到杭州也只需 3 小时。

冬日的早晨

陆、水、铁、空齐头并进。随着金丽温高铁的建成，丽水迎来了高铁时代，并由此进入甬厦高铁与浙赣高铁网络和上海 2 小时、杭州 1 小时的动车交通圈，丽水民用机场也正在紧锣密鼓地筹建当中。随着高铁时代的到来以及机场的建成，丽水交通优势将得到进一步发挥，并名副其实地成为江浙沪和海西经济圈的“后花园”。

曾经的浙江屋脊——丽水山林茂密、人口稀少，森林近在咫尺，具备宁静的休闲养生气质，历来是道家文化传播和养生的天堂；相比于大城市的喧嚣与浮躁，处于长三角、海峡西岸经济区的黄金节点上的丽水，正是一个理想的休闲养生之所。

4.4　乡村特色

仰仗特色的乡村和多样气候、优质生态，丽水创新性地提出“农家乐综合体”的理念，即“以乡村的资源环境为载体，以乡村的原有环境为基础,以乡村的特色产业和地域文化为支撑,以美丽乡村建设为切入口,以养生养老产业发展为契机,以创意文化和特色产业为核心吸引物,秉承乡村生活模式,为游客提供最佳乡村休闲度假、观光娱乐、体验劳作、科普教育、文化体验、养生养老、健康生活的第二生活空间”。丽水现有可用于“乡村游”的历史文化村落 471 个,具有较高保护利用价值的历史文化村落 137 个(占浙江省 14%)。其中,古建筑村落 95 个,自然生态村落 20 个,民俗风情村落 22 个。同时,丽水还拥有较多保存良好的土房、空心村(下山脱贫村),是开辟农村生活“第二空间”的理想场所。

湖光秋色

根据资源禀赋和功能特色,丽水农家乐综合体主要分为:高山避暑型、养生养老型、民俗风情型、休闲农庄型、乡村民宿型、参与体验型六大类。其中又以高山避暑型最为典型,以丽水独有的高山小气候为基础,重点突出夏季避暑的功能。据统计(见表 4.2),丽水可利用于避暑的台地资源为 45 万亩,约占全部耕地的三分之一。全市海拔 700 米以上专以“避暑游”为目的农家乐村 32 个,其中省级农家乐特色村 9 个。开办 10 户以上农家乐村 15 个,20 户以上农家乐村 7 个；200 个餐位以上的农家乐村 24 个，400 个餐位以上的农家乐村 16 个，600 个餐位以上的农家乐村 11 个，1000 个餐位以上的有 6 个村；50 个床位以上的农家乐村 23 个，100 个床位以上的农家乐村 14 个，200 个床位以上的农家乐村 9 个。

表 4.2　不同海拔耕地资源调查表(单位：亩)

地点	300 米以下	300～500 米	500～800 米	800～1000 米	1000 米以上	合计
莲都区	108525	28478	10195	5432	0	152630
龙泉市	69875	80280.8	46282.7	25373.1	20203.4	242015
青田县	96902.3	33932.9	25266.6	750	0	156851.8
云和县	25116	18796	9664	9632	2084	65293
庆元县	6343	47548	41893	37277	22715	155775
缙云县	114406	39881	26426	7265	350	188328
遂昌县	38302.6	51897.7	35169.6	15095	3804.9	144269.8
松阳县	173217	34715	33333	7347	4898	253540
景宁县	11846.4	28121.3	43475.85	15760.1	7195.6	106399.25
合计	644533.3	363650.7	271705.75	118499.2	61250.9	1465101.9

4.5　四季皆宜

目前国内外使用较为广泛的评价气候舒适性的指标，主要有人体舒适度气象指数(BCMI)、寒冷指数(CI)、温湿指数(HI)和度假气候指数(HCI)四类。根据丽水各县市近 30 年(1981—2010 年)气温、相对湿度和风速的气候整编资料，得到丽水市各月气候的人体舒适度气象指数(BCMI)、寒冷指数(CI)和温湿指数(HI)，见表 4.3。

表 4.3 丽水市人体舒适度气象等级、寒冷指数和温湿指数计算结果

月份	1	2	3	4	5	6	7	8	9	10	11	12
BCMI 等级	3 级	3 级	4 级	5 级	5 级	6 级	7 级	6 级	5 级	5 级	4 级	3 级
CI 值	522	493	421	309	217	152	92	105	170	265	370	476
HI 值	46	49	54	63	70	75	80	79	74	66	57	48

对人体舒适度气象指数(BCMI)分析，丽水市的 3、11 月的 BCMI 值介于 51～58，按人体舒适度分级标准为 4 级，对应的体感为偏凉，大部分人体感舒适；6、8 月的 BCMI 值介于 71～75，为 6 级，对应的体感为偏暖，大部分人体感舒适；4—5 月和 9—10 月的 BCMI 值介于 59～70，为 5 级，对应的体感为最为舒适。即全年有 4 个月(3、6、8 和 11 月)的气候让大部分人们会感觉舒适，4 个月(4、5、9 和 10 月)的气候，让人感觉最为舒适。按国际上气候适宜区的分类标准(BCMI 等级为 4～6 级的总天数大于 165 天的地区为一类气候适宜区，151～165 天的地区为二类气候适宜区，少于 151 天的地区为三类气候适宜区)，丽水有 7 个月 BCMI 等级介于 4～6 级，总天数达 244 天，属于一类气候适宜区。

对寒冷指数(CI)进行分析，在风冷应力区间(11 月—次年的 4 月)内，丽水市的 CI 值均在 600 千卡/(米^2 · 时)以下。按 CI 值对应的人体感分级标准，即便是最冷的冬季月(12 月—2 月)，丽水的 CI 值对应人体感也仅是介于“凉”和“很凉”之间，无“冷”的感觉，说明丽水冬季无“寒冷”不适气候。

对温湿指数(HI)进行分析，在热应力区间(5—10 月)内，除夏季的 6—8 月外，HI 值均处于大部分人舒适及以上级别的范畴；7 月和 8 月的 HI 值分别为 80 和 79，大部分人会有湿热不适感。以上统计使用丽水各城区气象资料，对于丽水农村山区来说却大为不同。对不同海拔高度的区域自动气象站观测资料分析表明(见表 4.4)，随着海拔升高，HI 值在降低，600 米以上海拔的山区，其夏季的温湿指数值以处在 65～75 范围内，属大部分人感觉舒适的级别，少有湿

热不适。上述分析表明，即使在盛夏，仍有约六成的区域，可以“避暑纳凉”。

表 4.4 丽水市不同海拔高度山区的温湿指数(资料:2004—2013 年)

海拔高度(米)	1月	2月	3月	4月	5月	6月	7月	8月	9月	10月	11月	12月
0～100	45	51	56	63	70	77	81	80	74	66	58	49
100～200	44	49	54	62	69	75	80	79	73	65	57	48
200～300	43	49	54	61	68	74	79	78	73	64	56	47
300～400	43	49	54	61	68	74	78	77	72	64	55	47
400～500	43	48	54	60	67	73	77	75	70	62	55	47
500～600	42	47	52	59	66	72	76	75	70	62	54	46
600～700	41	47	52	59	66	71	75	75	69	61	54	46
700～800	40	46	51	57	64	69	73	72	67	59	52	44
800～900	40	46	51	57	64	69	73	73	67	60	52	44
900～1000	39	45	50	56	63	68	72	71	66	59	52	43

注:蓝色表示“大部分人舒适”;黄色表示“近 50%的人不适”;红色表示“大部分人感觉不适”

旅游气候指数(Tourism Climate Index,TCI)是 20 世纪 80 年代德国学者提出用于评价区域气候的休闲旅游适宜程度，用于气候与旅游之间的相关问题研究，经不断地改进和优化，被国内外学者广泛使用。2013 年最新提出的度假气候指数(Holiday Climate Index,HCI)较为引人关注，其构建方式与 TCI 基本相同，适宜度评级分类标准与 TCI 指数一致，但在一些方面它对 TCI 指数进行了再次改进和完善。如 HCI 指数基于旅游市场客流量的统计数据，赋予分项指标权重，替代了 TCI 指数的问卷调查方式，即权重赋值更具有客观性；HCI 指数选用“云量”替代了 TCI 指数中的“日照”因子，其考虑了云的观赏性；HCI 指数反映的时间尺度比 TCI 指数也有相应的提高。

对丽水旅游气候指数(TCI)和度假气候指数(HCI)做对比分析,结果如下(图4.2)。1—4月和7—12月,丽水的TCI与HCI两者变化趋势基本一致,HCI指数值略高;4—6月,TCI与HCI指数的变化趋势存在差异。HCI指数在4—6月表现为下降趋势,且6月HCI值为全年各月最低;而TCI指数在4—6月则先是表现为增加后为平稳。6月是丽水市全年雨日最多、雨强、雨量最大的月份,相对于其他气候因素(气温和风速)来说,降雨对人们旅游出行、游览观光会产生更多不便,故6月丽水HCI值表现为全年最低。此外,对于现今难得有休闲时间出行旅游的人们来说,游览观光时降雨最影响旅游心态,气温高低、日照多寡、风速强弱,相对于为数不多的短暂假期,人们已不再那么重视。当然高温、严寒、强风等恶劣天气因素仍会影响人们出游,这些因素HCI指数也均已考虑在内。如7月丽水有高温,HCI指数在该月也相对较低。总的来看,HCI指数更符合实际。故本报告以HCI指数为依据,描述丽水气候旅游适宜期,并与国内外其他城市开展对比分析(详见第6章)。

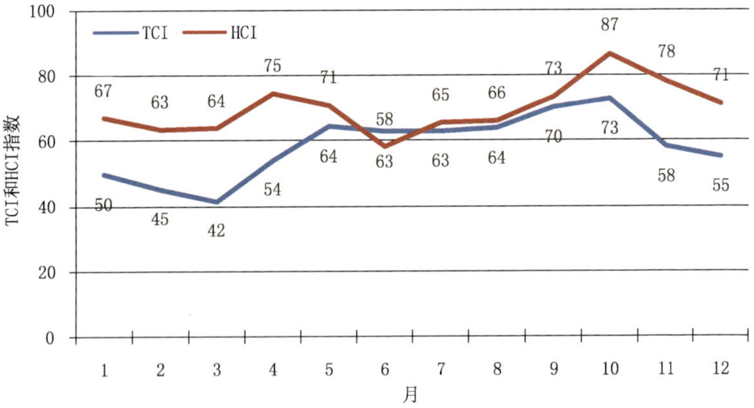

图4.2 丽水市旅游气候指数和度假气候指数月变化

按度假气候指数(HCI)的旅游适宜期评级分类标准,除6月外,丽水全年有11个月适宜旅游出行。其中,5个月(1—3月和7—8

月）为度假旅游的“适宜期”；5个月（4—5月、9月和11—12月）为度假旅游的“很适宜期”；1个月（即10月）为度假旅游的“特别适宜期”。10月也是丽水雨日在全年当中最少，秋高气爽，光照、气温、湿度、云量较为适中的月份；更为难能可贵的是，丽水的度假旅游的“特别适宜期”，正好与国内的“十一”黄金周相重合，便于全国各地的游客安排旅游出行计划。

第 5 章

养生福地

秀山丽水的茂林山区、新鲜空气、优良水质、绿色无公害食材、种类繁多的药材以及这里健康休闲的生活方式和古朴养生的文化，都彰显了浙江省丽水市优越的休闲养生条件。在这里，养生四季宜，冬暖春早避暑佳，云蒸霞蔚瓯帆过，且偷浮生半日闲。近年来，先后获得“全国休闲养生实验基地”和“国际休闲养生城市”等殊荣，2013 年又作为国内首个地级市荣获“中国长寿之乡”称号。

高山和森林是健康养生的两种最主要自然生态资源。山地气候凉爽，空气清新，人体阳气内敛，耗散较少；山区环境幽静，使人情绪稳定，气血和畅。森林包含着一系列的养生因素，空气中负氧离子含量高、植物精气多、细菌含量低，且具有吸附空气尘埃、降低噪音等功能，加之绿色心理效应，让森林成为人们休闲养生的首选去处。

5.1 气美

丽水是"天然氧吧"。全市 142.8 万公顷的林业用地，3810.5 万米^3 的活立木蓄积和 80.79%的森林覆盖率，同时丽水"中国生态第一市""浙江绿谷""浙南林海"等美誉，使丽水"中国第一森林浴"脱颖而出。现有生态公益林面积 52.3 万公顷，国家级和省级森林公园 20 余处，年吸收二氧化碳 301.31 万吨，释放氧气 219.10 万吨，是全国最大的天然森林浴场。

负氧离子又被称为"空气维生素"和"大气中的长寿素"，不仅具有降尘、灭菌作用，而且对人体有强身健体和治疗疾病等多种功效。人们在森林中之所以会感觉到空气特别的清新，主要就是负氧离子所发挥的降尘功能。据有关试验和研究表明，城市空气中的负氧离子浓度一般是 0～200 个/厘米^3，空旷地 200～600 个/厘米^3，森林一般 600～3000 个/厘米^3。按照世界卫生组织规定，每立方厘米空气中负氧离子达到 1000 个，即为"清新"标准；1500 个，即为"非常清新"；3000 个，为"特别清新"标准级别。全市 80.79%的森林高覆盖率带来了卓越的造氧功效，使得丽水空气负氧离子含量特别高。

金色的早晨

丽水负氧离子含量高。对全市13个负氧离子浓度连续监测点数据进行分析(见图5.1),低海拔地区(包含城区)的负氧离子含量全年多在1300个/厘米^{3}以上,而高海拔地区的负氧离子含量全年均在3000个/厘米^{3}以上,远高于一般山林区域的负氧离子浓度标准,达最高级别的“特别清新”标准;市区空气负氧离子浓度平均值为1124个/厘米^3,全市空气负氧离子平均浓度为2919个/厘米^3,山区空气负氧离子浓度值多为3000个/厘米^{3}以上,也分别达到“清新”“非常清新”和“特别清新”的空气标准级别。此外,丽水各类林木还能释放大量的植物精气。植物精气是指植物的花、叶、木材、根、芽等油性细胞在自然状态下释放出的气态有机物。植物精气主要成分是萜烯类化合物(不饱和的碳氢化合物)。植物精气是植物的油性细胞不断分泌出来的一种“气”,散发在空气中,通过呼吸道和人体皮肤表皮进入体内,最后为人体所吸收。萜烯类化学成分透过皮肤的速率是水的100倍、盐的1000倍。萜烯类化合物被人体吸收后,有适度的刺激作用,可促进免疫蛋白增加,有效调节植物神经平衡,从而增强人体的抵抗力,达到抗菌、抗肿瘤、降血压、驱虫、抗炎、利尿、祛痰与健身强体的生理功效。

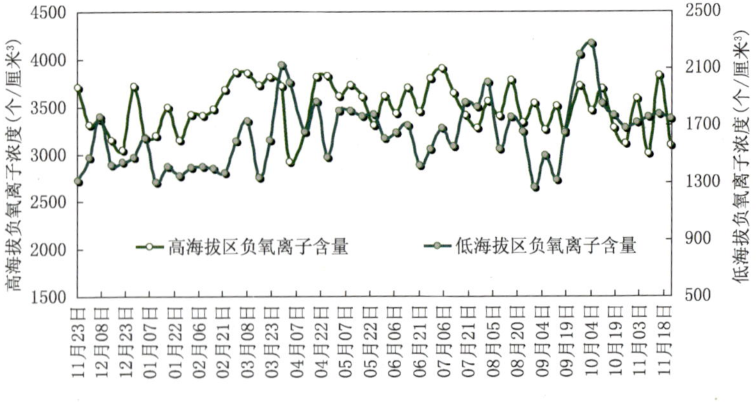

图5.1 丽水市高海拔区与低海拔区空气负氧离子含量年变化

表 5.1　丽水市 2009—2013 年空气负氧离子浓度监测值

监测点位置	平均值(个/厘米^3)	等级	空气清新程度
丽水市区:白云森林公园	1412	三级	清新
丽水市区:处州公园	1128	三级	清新
丽水市区:防洪堤	831	四级	较清新
九龙湿地公园	1078	三级	清新
莲都区大山峰国家森林公园	1752	二级	非常清新
龙泉凤阳山自然保护区	2267	二级	非常清新
云和仙宫湖景区	2944	二级	非常清新
青田县石门洞景区	4672	一级	特别清新
景宁县草鱼塘国家森林公园	1766	二级	非常清新
缙云仙都风景区	2174	二级	非常清新
松阳卯山国家森林公园	3133	一级	特别清新
庆元巾子峰国家森林公园	2391	二级	非常清新
遂昌神龙谷景区	3642	一级	特别清新
全市均值	2919	二级	非常清新

在丽水，呼吸着洁净的空气，沐浴在高负离子的清新空气和植物天然精气中，不但能保健康复，还能放松身心、延年益寿。

5.2　食养

丽水生物丰度指数、植被覆盖指数为浙江省第一，污染负荷指数是浙江省最低。良好的生态环境、优越的山地立体气候以及天然的“绿色基因宝库”，为绿色健康食品提供了天时地利，为美食养生提供了优质食材。庆元香菇、景宁金奖惠明茶、遂昌石练菊米、处州白莲、青田田鱼、龙泉灵芝、云和黑木耳、缙云麻鸭等一系列地域特色明显的绿色无公害农产品，均源自大自然的馈赠。

食用菌被列为丽水生态农业的支柱产业，其产量占全国总量的45%左右。仅庆元县香菇交易年成交额超过 10 个亿，是全国最大的香菇集散地。丽水是世界香菇人工栽培的发源地，所辖庆元、景宁、龙泉先后被命名为“中国香菇之乡”“中国灵芝之乡”，其中庆元

庆元香菇

香菇被国家批准为原产地地域保护产品。据史料记载,南宋建元年间(800 多年前)的吴山公发明了香菇栽培的砍花法,世人尊称他为香菇之神。

高山云雾茶飘香

低山缓坡广阔十分适宜茶叶生长,丽水山区气候凉爽和生态环境优越,是中国绿茶一类适生区。仅松阳一县,拥有着近 13 万亩绿色茶园，茶叶市场年交易量 6.78 万吨，交易额 34.39 亿元，被公认为全国最大的绿茶产地交易市场，业内素有“中国茶叶看浙江，浙江茶叶看松阳”之说。丽水茶叶具有采摘时间早、无污染、品质优三大自然优势。所谓“高山云雾出好茶”，丽水茶叶历来以香高味浓著称于世。据记载，在三国时期丽水就已产茶，唐宋以来曾数度辉煌。景宁惠明茶、松阳银猴茶、遂昌龙谷丽人、莲都梅峰有机茶、云和仙宫雪毫、龙泉凤阳春茶、缙云鼎湖茶、庆元沁园春、青田绿谷伯温茶各具特色，历来以自然品质优异而闻名中外。其中，景宁惠明茶、龙泉阳春茶、遂昌太虚妙露茶、松阳卯山仙茶等曾先后被列为贡品名茶。

青田田鱼被联合国列入“稻鱼共生系统”全球重要农业文化遗产保护项目，因田鱼美味且营养价值高，畅销海内外，丽水稻田养鱼已有 1200 多年历史。农民用溪水灌溉，溪水中的鱼就在稻田里自然生长。稻谷可以为鱼遮阴并提供有机物质，鱼又可以为水提供氧气，吞食有害昆虫，形成了天然的稻鱼共生系统。丽水现有稻田养鱼规模 8 万亩，仅仁庄一镇年产田鱼 500 余吨，稻谷 270 万千克，产值 4000 多万元，带动当地农民人均增收 1000 多元。

此外，丽水是无公害有机蔬菜的优质生产地，所产高山蔬菜营养价值高、商品性强，深受人们喜爱。由于山区昼夜温差大，有利于养分积累，丽水高山蔬菜的可溶性固形物含量高，营养丰富；而且，由于山区的气温相对较低，作物生长周期较低海拔区域长，高山蔬菜成熟期刚好处于大田蔬菜的“断档期”。近年来，丽水蔬菜发展势头迅猛，全市山地蔬菜播种面积 30 多万亩，产量 50 多万吨。高山四季豆、萝卜、茭白、茄子、番茄、黄瓜、甘蓝等，因季节差和其生长环境好、无污染、质优味佳的特点，畅销于上海、杭州、南京周边大城市。

5.3　药养

丽水中药材资源十分丰富，野生药材繁多，蕴藏量大。现已发现中药材资源 2033 种，占浙江省的 85.24%，其中植物药 1813 种，占浙江省的 98%。在全国 363 种中草药主要品种中，丽水分布有

251种，占69%，其中珍稀名贵药用植物近百种，包括国家一级重点保护植物银杏、南方红豆杉，国家二级重点保护野生药材凹叶厚朴，国家三级重点保护野生药材天冬、龙胆草等；中药材种质资源中优势品种有500多种，蕴藏量较大的有厚朴、野山楂、虎杖、鱼腥草、土茯苓、金樱子、益母草、黄精、茵陈、南沙参、车前草、金银花等品种。因此，丽水被誉为浙西南的“天然药园”。

南方红豆杉

红豆杉是目前世界上唯一能提炼出高效抗癌药物紫杉醇的珍贵植物，其中南方红豆杉更是稀少，被列为世界珍稀树、国家一级保护植物，是植物中的“大熊猫”。南方红豆杉在丽水分布广泛，目前共有野生8648株，其中大树6977株，百年以上的古树2534株，遍及9县(市、区)的130个乡镇，是丽水的市树。松阳县玉岩镇大树后村有棵千年南方红豆杉，树高30米，胸径278厘米，为浙江之最。

此外，丽水还有被列入第二批国家级非物质文化遗产名录的独特畲医药。畲族医药产生于特定的历史条件和独特的自然环境。在长期的民族迁移过程中，畲族吸纳了苗、瑶、壮等少数民族医药的理论精华，发展出本民族医药文化，形成了独具畲族特色的医药理论体系。畲族没有文字，通用汉文，医术多为祖传口授、单线传承，多以青草药为主，因此又称“青草医”。目前，丽水共收集到畲医药的诊治病种 680 多个、处方 1000 余个、畲药 1500 多种。其中，有着数百年历史的食凉茶是畲药的“形象代表”，能清凉解毒，对解热、镇痛、抗菌、抗病毒、抗炎、镇咳、祛痰、降脂、降压、增强免疫力等功效，被畲族同胞称为“神茶”“圣茶”，是养生的佳品。

勤劳的丽水人民在长期生产生活实践中，利用丰富的药材资源，开发了独具特色的养生药膳、养生茶、中药养生 SPA 等。具有养胃助消化、健脾、祛风湿功效的“牛奶藤猪脚”，具有活血祛湿、强筋骨、助睡眠、添精补髓的功效的“五加皮炖猪脚”，具有祛风除湿、增强体魄、养生保健的功效的“歇力茶土鸡”等药膳家喻户晓。

5.4　水养

水是生命之源，我们的祖先在用水养生方面积累了很多经验。古话“药补不如食补，食补不如水补”，南宋陆游的“仙丹九转太多事，服水自可追神仙”，医神孙思邈的“初起首服水法”，都说明水与养生之间存在千丝万缕的联系。

春满千峡湖

依靠“源头活水”天然优势、青翠绿林的生态水源涵养以及市委、市政府持续的水保措施，丽水区域内地表水环境质量优良，为“水养”行业发展奠定了基础。区域内 50%以上的地表水可以直接饮用，县市际交接断面水质和城市集中式饮用水源地水质达标率达100%；三大水系和湖库的96个水质监测断面中，能满足水域功能要求的断面95个，断面水质均在《地表水环境质量标准》(GB 3838—2002)的Ⅲ类标准以上。其中，Ⅰ类水质13个，占总断面数的13.5%；Ⅱ类水质75个，占总断面数的78.1%；Ⅲ类水质7个，占总断面数的7.3%；劣Ⅴ类水质1个，占总断面数的1.1%(见图5.2)。据国家环保局监测，浙江、福建水系为我国水质保护最好的水系。

图5.2　2015年丽水市断面水质监测情况

丽水的饮用水质远优于国家标准，且富含矿物质。据权威机构检测，丽水地表水环境功能区水质各项指标均符合世界卫生组织规定的长寿地区优质饮用水标准。丽水的饮用水呈天然弱碱性，富含钾、钙、镁、硅等人体所需的矿物质和微量元素，天然纯净、没有水碱。按城市饮用水标准，丽水饮用水原水浊度为1度，自来水的浊度更是在0.5度以下，均优于国家标准，远低于饮用水原水浊度合格标准(一般为10度)；山区泉水富含多种人体有益的矿物质和微量元素。因上海世博会而名声大噪的“披云水”，其灌装源头就取自龙泉披云山青龙峡国家生态保护区。泉水在森林峡谷中流淌穿行，使得“披云水”中氢、氧含量大大高于普通饮用水，极易于被人体吸收，被称为“会呼吸的水”。据国土资源部杭州矿产资源监控中心、浙江省地矿研究所鉴定，“缙云县孟峰山脚的仙都矿泉的水源地的偏硅酸含量每升达到 77 毫克，是国家标准含量的近三倍”。

丽水的水产也很丰富。相对于其他营养源，水产品能提供丰富的维生素、矿物质和优质的蛋白质、卵磷脂，并含有高度的不饱和脂肪酸，具有重要的养生价值。丽水拥有水库 384 座(其中大型水库 2 座，中型水库 32 座)，山塘 14894 座，冷水溪流众多，蕴藏了大量珍贵的水产资源。如大鲵、石蛙、泥鳅、瓯江彩鲤、高山薄壳田螺以及丰富的溪流性土著经济鱼类等。

雪中彩鲤

除此之外，丽水还具有众多的温泉资源(见表 5.2)。坐落于遂昌县大柘镇大田村的汤沐园温泉，在不砍一棵树的情况下，合理利用树林间的空隙，错落有致地搭建大小温泉池 49 个，使温泉池与古树林相映成趣，成为亚洲最大的森林温泉。仅汤沐园温泉一年的游客量达到 12 万人次。

表 5.2 丽水温泉资源一览表

名称	泉口水温（℃）	日出水量（吨）	打井深度（米）	泉质/类型（含主要元素）
红星坪温泉	40	500	450	含氟、含偏硅酸、碳酸钙型淡温泉，主要含氟、偏硅酸、钙、钠、钾、镁等微量元素
汤沐园温泉	38	800	300	偏硅酸温泉，主要含钙、钠、钾、锌、碘、磷、镁等微量元素
湖山温泉	40	1000	500	含氟、含偏硅酸、碳酸钙型淡温泉，主要含氟、偏硅酸、钙、钠、钾、镁等微量元素
金石门温泉	37	500	550	偏硅酸温泉，主要含钙、钠、钾、锌、镁等微量元素
长濂温泉	37	500	550	偏硅酸温泉，主要含钙、钠、钾、锌、镁等微量元素
石牛温泉	36.2	1000	500	偏硅酸温泉，主要含锂、锶、氢、锰、锌、砷、氟等微量元素
卯山仙人谷温泉	30	120	350	硫黄温泉，富含锂、锶等矿物质，水中硫酸根离子含量很高
仙都温泉	44	500	584	偏硅酸含氟温泉，含偏硅酸（63 毫克/升）、氟离子（3.3 毫克/升）、钠离子（128 毫克/升）等有益成分
八都温泉	30	3000	156	总矿化度为 219.9 毫克/升，富含钠、钾、钙、铁、锌等多种微量元素

5.5　体养

在优美洁净的环境中，骑行、垂钓、攀岩等运动都是很好的“体养”项目。丽水野外自行车骑行以山地骑行、茶园骑行以及景区观光骑行为主。这些自行车骑行皆依赖于天然环境，如松阳推出的环大木山“万亩茶园”骑行游，在环绕着万亩茶园近 10 千米路程的绿道上骑行，两边绿树成荫，茶园连绵起伏，清新的空气沁入肺腑，令人心旷神怡；遂昌的山地自行车道则突出了专业性，绵延在山间的土路，为骑友提供了天然赛道。丽水拥有水库 384 座、山塘 14894 座、溪流 972 条，水库星罗棋布，山塘随处可见，风景秀美，是休闲垂钓的好去处。钓鱼人外出垂钓，并不在乎今天一定要钓多少鱼，而是一种释放日常烦琐生活压力的生活方式。从美妙鱼趣中，体验追求美好生活的真谛。在粼粼的波光中领略大自然赋予的美好，从垂钓中得到放松和宁静。

皮划艇锦标赛

生命在于运动，丽水人民热爱体育运动，大众体育文化得到了蓬勃发展。据统计，全市已建有省级体育强乡镇和街道 47 个，省级先进社区 10 个，省级小康体育村 2256 个，省级先进社团 4 个，星级职工体育俱乐部 2 个，省级青少年体育俱乐部 37 个，省级青少年户外营地 1 个，省级社区体育俱乐部 2 个，省级农村体育俱乐部 65 个，省级老年体育活动中心 12 个，省级中心村健身广场 1 个，省级中心村休闲公园 3 个，具有一定规模并登记在册的体育辅导站点和晨练、晚练点有 1000 多个。仅丽水市区的晨练、晚练点就达到 120 多个，覆盖面积 23 平方千米，每天参与锻炼的人数超过 1 万人（占总城市人口的 2.5%）。丽水 75%的乡村已经配备了完善的公共体育基础设施、健身公园和健身广场，标准的篮球场、乒乓球台、文化大舞台一应俱全。体育活动已融入丽水城乡居民的日常生活中。

漂流

丽水的民间传统体育特色鲜明，已挖掘整理出“问凳”“抄杠”“操石磉”“摇锅”“打尺寸”“赶野猪”“高脚马”“打蔑球”等九个畲族传统体育项目。其中，“问凳”“操石磉”“赶野猪”已先后被列入浙江省第二、三批非物质文化遗产代表作名录。在 2012 年 5 月的畲乡风情运动会上，“操石磉”“摇锅”“龙接凤”等畲族传统体育项目吸引了来自 6 个地区 52 支代表队共计 450 余人参加。

丽水依托于优良的气候生态条件、休闲美丽的城市建设，众多高水平体育赛事也得到了陆续开展。全国自由式轮滑锦标赛、全国国际跳棋公开赛、全国南方业余围棋天元赛、中国航海模型运动等国内外比赛在丽水先后举办。世界自由式轮滑锦标赛是丽水迄今为止最高级别赛事，共有 40 多个国家和地区参加。

5.6　文美

玩转丽水或休闲养生，可以说丽水的每个县都有别具一格的美景、辉煌的历史和悠久的文化，无论去哪里，都有一番独特的风景和体验。

各县市历史文化独具特色。战国初期，欧冶子在龙泉冶制出了第一把铁剑，取名“龙渊”，开创了中国冷兵器之先河。龙泉剑修长

畲乡风情

挺拔，剑刃锐利，刚柔并济，成为中华民族传统武德和高尚人格情操的象征；龙泉青瓷以“哥、弟”窑瓷器享誉，历代行销全国及宫廷御用，并远销亚、非、欧三大洲。有着三百多年历史的青田华侨文化精彩纷呈，25 万青田华侨华人遍布全球 120 多个国家和地区；青田石雕美在天成，巧于匠心，享誉海内外。“中国生态第一县”庆元，是世界人工栽培香菇的发源地，至今仍保存着的近百座风格各异、古朴自然的古廊桥，代表着中国木拱廊桥建造技艺，堪称世界桥梁建造史上的奇葩。景宁畲族自治县是华东地区唯一的少数民族自治县，“中国最佳民族风情旅游名县”别无分号，“中国国际旅游文化目的地”只此一家。千年古县田园松阳，有着保存完整的明清古商业街、规模宏大的石仓古民居群以及被赞为戏曲活化石的松阳高腔，是农业文明的繁华驿站，而今更是中国名茶之乡、全国重点产茶县和中国最大的绿茶集散地。瓯江岸上枫杨丛集，水中波光船影，古堰画乡、千年通济堰引来中外摄影家的眼光；从 2003 年开始，中国摄影家协会在丽水连续举办 6 届中国国际摄影艺术展览；这里有中国唯

爱在山水间

一的专业摄影博物馆、全国第一人均相机拥有量，因此“中国摄影之乡”的称号实至名归。

在丽水，你不仅能感受到极具地方特色的文化表演、文化创意、文化会展，更能体验到浓郁的农耕文化。随着工业发展、城市化推进，农村生活已渐渐离我们远去，体验农村生活成为都市游客喜爱的活动内容。提着精致的果篮，采摘新鲜的蔬果；戴上斗笠、披着蓑衣，在和风细雨中穿梭于田间从事农事劳动；穿上颇具特色的畲族服装，参与体验独特的畲族婚俗。在秀山丽水中感悟自然山水和民风民俗，以达怡情养性之目的。

第 6 章

休闲养生适宜性分析

目前国内外暂无文献分析过生态气候与休闲养生相关的评价体系，为了便于对比，考虑到指标数据获取的局限性，本书选取9个生态气候指标并对丽水与主要国内大城市、旅游城市、周边城市进行了休闲养生适宜性对比分析。其中，5项指标（森林覆盖率、断面水质达标率、优良空气天数、物种丰度指数、国家4A级生态景区数量）为休闲养生的生态关联指标，4项指标（度假气候指数、人体舒适度气象指数、温湿指数、寒冷指数）为休闲养生的气候关联指标。优良空气天数既属生态环境范畴，也具有气候环境学的研究意义，在此暂将其归入生态关联指标类。

6.1　气候关联指标占优

度假气候指数(HCI):丽水除 6 月降水天气过程偏多外,其他 11 个月气候均适宜休闲度假,其中 4、5、9、11、12 月“很适宜”,10 月为全年最佳(“特别适宜”);虽然丽水在所选的对比城市之中虽不具备突出优势,但其适宜度总体水平仍处于中上偏优的位置。

人体舒适度气象指数(BCMI):丽水共有 9 个月处于舒适期(3—6 月和 8—11 月,7 月为多高温),其中 4、5、9、10 月最为舒适;在对比城市之中,丽水市的气候人体舒适期长,人体舒适度气象指数综合水平具备明显的优势。在浙江省范围内,丽水地理位置偏南,寒冷指数(CI)表现较优;但温湿指数(HI)没有优势,浙江省内各城市处相近水平,7—8 月均有高温,多数人感觉不适。

从这四个气候指标的整体水平而言,丽水的度假气候指数(HCI)处于中上偏优的位置,人体舒适度气象指数(BCMI)具备明显的优势,寒冷指数(CI)也具备明显的优势,温湿指数(HI)为中等偏下位,气候休闲养生的适宜性在全国城市中总体具有优势。且上述比较中使用的气候数据均为低海拔城区气象观测站资料,实际上,广袤的农村地区和山区,各项指标均优于城区。总的来说,丽水气候休闲养生的适宜性具有优势。

云和湖之春

6.2 生态关联指标领先

依据政府部门、科研机构发布的相关报告及文献资料，对比与休闲养生关联密切的 5 项指标（森林覆盖率、断面水质达标率、优良空气天数、物种丰度指数、国家 4A 级以上生态景区数量）。全国以市为单位比较来看，丽水森林覆盖率 80.79%仅次于吉林白山市，位居全国第二；表征气候多样性与物种丰富程度的生物丰度指数，丽水高居首位；区域内的断面监测水质达标率，丽水市以 98.9%排名第四位；年内优良空气天数，丽水列第六；4A 级以上（含 4A 级）生态旅游景区的数量，丽水以 13 个 4A 以上级自然生态旅游景区数，并列第二。

空气负氧离子含量也是评价生态环境在休闲养生适宜性方面的重要指标，但由于多数城市未开展观测或仅有单点短期观测，收集到的文献分散且数据说服力较差，因此不被列入 28 个城市进行比较。从文献调研的情况来看，丽水平均的空气负氧离子浓度值（2919 个/厘米^3）可列前三位。在空气负氧离子含量方面，丽水也是国内领先、省内最优。

6.3 休闲养生指标向好

2012 年中国科学院城市发展与环境研究所、中国人民大学中国休闲经济研究中心，根据《国际生态休闲养生城市指标体系》，对丽水市的自然环境、经济与社会环境、休闲养生条件和城市管理等方面进行全面测算，并在此基础上，计算出丽水综合生态休闲养生指数。根据测算，丽水的生态休闲养生指数为 92.8 分，达到“钻石级”休闲养生城市标准。丽水市生态自然条件良好，大部分项目均为满分或接近满分，部分指标远远超过指标要求，达到国内领先水平；在环境保护项目中，城市生活污水处理率低于标准所需要求；丽水市休闲养生传统资源丰富，居民的休闲观念、休闲节庆、休闲养生风俗等均达到满分水平;休闲养生设施与养生产品的供应也满足休闲养生的要求。在生活时间分配方面,居民每日休闲时间尚未达到标准要求;丽水市经济与社会发展状况基本良好,但在经济安全(消费物价指数)和经济公平(基尼指数)项目上有所欠缺。丽水市在生态休闲养生产业发展方面表现积极,组织配套状况良好,游客对城市管理的满意度达到较高水平,但受经济发展水平影响,居民幸福感尚有欠缺。

丽水市生态气候的休闲养生适宜性,在国内、省内诸多城市之中具有突出优势。这也是丽水市百岁老人数量居多的重要原因之一。据统计,丽水百岁及以上老年人占户籍总人口比例逾 7/10 万,80 岁及以上高龄老人占户籍总人口 2.56%,人口平均预期寿命为 78.33 岁,比全国平均水平高 3.5 岁。换言之,丽水市百岁老人数量多,为国内首个地级市命名的“中国长寿之乡”,这也是对丽水优质生态气候休闲养生条件的有利佐证。

湖畔飞虹

第7章

结　　语

丽水市位于浙江省西南部，是长三角和环台湾海峡都市群的交通枢纽。“九山半水半分田”的地貌营造了群山环抱，满目葱翠，源头活水，涓涓细流，诗画般的江南秀景。森林茂密、空气清新，动植物资源十分丰富，素有“浙南林海”“华东氧吧”“中国生态第一市”等美誉。丽水市委、市政府坚持走“绿水青山就是金山银山的绿色生态发展之路”，作为国家级生态示范区，丽水的生态文明建设一直走在全国前列。近年来，丽水先后获“中国摄影之乡”“中国优秀旅游城市”“国际休闲养生城市”“国家森林城市”“中国长寿之乡”等殊荣。

2014 年 11 月 13 日，丽水被中国气象学会授予“中国气候养生之乡”称号，成为中国气象学会以气候资源优势命名的第五个城市，开启了丽水开发利用气候生态资源的新征程。丽水的生态气候及休闲养生资源特色，是研究人员根据多年的观测数据分析，并查阅大量文献得出的结论，全面、准确地概括出了丽水的气候养生优势与特色。

习近平总书记曾在丽水调研时强调“绿水青山就是金山银山，对丽水来说尤为如此”。坚定不移地走绿色生态发展之路是丽水一直以来的践行。希望通过本书的编写，能够让大家更充分、更科学地认识丽水的生态气候及休闲养生资源特色，充分发掘利用气候资源，变气候优势为生态优势，变生态优势为经济优势，变绿水青山为金山银山。

2017 年 3 月，丽水凭借丰厚的生态底子和有力的生态建设举措成功入选首批“国家气候适应型城市建设试点”。值此之际，希望以本书的编写为起点，将“丽水 · 中国气候养生之乡”品牌建设，与国家气候适应型城市建设、全域旅游、生态旅游名城、生态精品农业等充分融合，打开“绿水青山就是金山银山”的转化通道，为“浙江的今天”和“中国的明天”奉献更多丽水实践、丽水元素、丽水印记。

参考文献

2004—2012 年浙江省环境状况公报.

2004—2013 年中国环境状况公报.

2009—2012 年丽水市环境状况公报.

2012—2013 年浙江省霾监测报告.

阿琼，冀磊，2012. 拉萨河河流水质状况综合评价. 西藏科技，228(3):24-26.

丛菁，孙立娟，2010. 大连市负氧离子浓度分布及预测模型的建立. 气象与环境学报，26(4):44-47.

葛静茹，李建清，李宵宇，等，2011. 北京市周边地区河道污染现状分析. 中国环境监测，27(3):84-88.

李雪铭，刘敬华，2003. 我国主要城市人居环境适宜居住的气候因子综合评价. 经济地理，5(5):49-53.

廖善刚，1998. 福建省旅游气候资源分析. 福建师范大学学报(自然科学版)，14 (1):93-97.

林忠宁，1999. 空气负离子在卫生保健中的应用. 生态科学，18(2):87-100.

刘清春，王铮，许世远，2007. 中国城市旅游气候舒适性分析. 资源科学，29 (1):133-140.

陆鼎煌，崔森，李重和，1984. 林业气象文集:北京城市绿化夏季小气候条件对人体的适宜度. 北京:气象出版社:144-152.

陆勤，2001. 上海市主要河流水质状况及时间分异特征. 水文水资源，5(3):36-39.

马丽君，孙根年，王洁洁，2009. 中国东部沿海沿边城市旅游气候舒适度评价地理科学进展，28(5):713-722.

孟丽红，张敏，姚青，2011. 2009 年天津城区空气负离子变化规律. 气象与环境学报，27(1):27-29.

彭贵康，2012. 雅安市近地面空气负(氧)离子状况初探. 高原山地气象研究，32(1):67-70.

孙明珠，田媛，刘效兰，等，2010. 北京不同功能区空气负离子差异的实验研究. 环境科学与技术，32(12):515-520.

谈建国，2005. 衡量上海夏季暑热程度的相对湿度指数研究. 南京气象学院学报，28(2)：213-218.

王继梅，冀志江，隋同波，等，2004. 空气负离子与温湿度的关系. 环境科学研究，17(2):68-70.

韦朝领，王敬涛，蒋跃林，2006. 合肥市不同生态功能区空气负离子浓度分布特征及其与气象因子的关系. 应用生态学报，17(11):2158-2162.

吴兑，2003. 多种人体舒适度预报公式讨论. 气象科技，31(6):370-372.

熊丽君，王敏，赵艳佩，等，2013. 上海崇明岛风景旅游区空气负离子浓度分布研究. 环境科学与技术，32(8):71-75.

徐猛，陈步峰，粟娟，等，2008. 广州帽峰山林区空气负离子动态及与环境因子的关系. 生态环境，17(5):1891-1893.

姚尧，王世新，周艺，等，2012. 生态环境状况指数模型在全国生态环境质量评价中的应用. 遥感信息，27(3):93-98.

叶彩华，王晓云，郭文利，2004. 空气中负离子浓度与气象条件关系初探. 气象科技，32(4):51-52.

郑景云，尹云鹤，李炳元，2010. 中国气候区划新方案. 地理学报，65(1):3-13.

中国环境监测总站，2004. 中国生态环境质量评价研究. 中国环境科学出版社:82-90.

中华人民共和国国家质量监督检验检疫总局,中国国家标准化管理委员会. 人居环境气候舒适度评价 GB/T 27963—2011.

周怀东，彭文启，杜霞，等，2004. 中国地表水水质评价. 北京:中国水利水电科学研究院学报，2(4):255-265.

Becken S，2010. The importance of climate and weather for tourism. Land Environment & People，2.

Houghton D D，1985. Handbook of applied meteorology. New York，John Wiley & Sons. Inc:778-811.

Matzarakis A，Mayer H，Moses G，et al，1999. Applications of a universal thermal index：physiological equivalent temperature. International Jourual of Biometeorology，43(2):76-84.

Oliver J E，1973. Climate and man's environment：An introduction to applied climatology. New York：John Wiley & Sons Inc:195-206.

Tang M T, 2013. Comparing the 'Tourism Climate Index' and 'Holiday Climate Index' in major European urban destinations. University of Waterloo in Fulfillment of the Thesis Requirement for the Degree of Master of Environmental Studies.

Terjung W H, 1966. Physiologic climates of the contentious United States: a bioclimatic classification based on man. Of the Association of American Geographers, 5(1):141-179.